美女是怎样炼成的

把生活过成你想要的样子

李丹丹　李姗姗　编著

民主与建设出版社
·北京·

图书在版编目（ＣＩＰ）数据

把生活过成你想要的样子 / 李丹丹，李姗姗

编著 . -- 北京：民主与建设出版社 , 2020.5

（美女是怎样炼成的；1）

ISBN 978-7-5139-2858-8

Ⅰ . ①把… Ⅱ . ①李… ②李… Ⅲ . ①女性－生活方

式－通俗读物 Ⅳ . ① C913.3-49

中国版本图书馆 CIP 数据核字 (2020) 第 064377 号

把生活过成你想要的样子

BA SHENG HUO GUO CHENG NI XIANG YAO DE YANG ZI

出 版 人	李声笑
编　　著	李丹丹　李姗姗
责任编辑	刘树民
封面设计	大华文苑
出版发行	民主与建设出版社有限责任公司
电　　话	（010）59417747 59419778
社　　址	北京市海淀区西三环中路 10 号望海楼 E 座 7 层
邮　　编	100142
印　　刷	三河市德利印刷有限公司
版　　次	2020 年 5 月第 1 版
印　　次	2020 年 5 月第 1 次印刷
开　　本	880 毫米 × 1230 毫米　　1/32
印　　张	5
字　　数	125 千字
书　　号	ISBN 978-7-5139-2858-8
定　　价	238.00 元（全 10 册）

注：如有印、装质量问题，请与出版社联系。

提起美女，我们的眼前就会出现容貌娇美、身材玲珑、笑容甜美的青春女子形象。她们就像春天的花朵，点缀着人生的美景；她们又像夏天的树荫，带给人们清凉和宁静；她们还像是秋天的果实，带给人们幸福和欢乐；她们更像冬天的暖阳，带给人们温馨和喜悦。

美女的一切都是令人愉悦的，她们柔美、温顺、恬静；她们漂亮、高贵、潇洒，她们是人间的天使，她们是万众的偶像。她们飘然前行于人们仰慕的目光里，她们优雅嬉戏于无限春光中。

她们中的很多人大把挥霍着自己的美貌和青春，却单单忘记了一件事，那就是韶华易老，青春易失，人生美好的年华只有短短的数年，待到岁月流逝，光华褪尽，一切都成为过眼烟云，她们只会留下人老珠黄的慨叹和无可奈何的哀鸣，以及被忙碌奔波生活磨光所有光彩的衰老躯体。

而另一种人，她们或许并不美丽，但却有独特的气质；不一定炫目，但一定让人感觉很舒服；她的智商不一非常高，但却有很高的情商，足以让她在生活、工作中游刃有余；她的生活中也有烦恼，但一定可以凭自己的智慧去化解。这样的一个女人，虽然没有过人的容貌，但却能凭借内在的气质，使美丽永驻。

修炼你的气质，沉淀你的内心，当气质美渗入你的骨髓，纵使岁月无情，你依然能凭着那份灵动、睿智、从容、淡定的气质成为最有魅力的那道风景。那么，女孩到底应该如何提升自己的气质，做个魅力美人呢？

本书就是专门为女孩准备的练就永恒美丽的智慧丛书，包括《生活需要仪式感》《优雅的女人最幸福》《动脑大于动感情》《气质女人的芬芳生活》《金刚芭比：做个又忙又美的女子》《美女当自强》《做个性格完美的女孩》《做个灵魂有香气的女子》《生活需要你勇敢坚强》《把生活过成你想要的样子》10本。它从女孩的学习、工作、生活、习惯等细节入手，用优美的语言，生动的事例深入浅出地讲述了一个女孩应该如何通过修养自己，完善自己，最终使自己变成有内涵、有价值的魅力女性的人生道理，是一套值得每个女孩学习和收藏的珍品书籍。相信通过本套书的学习，一定会对大家迈向积极的人生之路起到极大的指导作用和推动作用。

目录

第一章

折腾的另一个名字叫奋斗

折腾不是没事找事，无事生非，而是把穷日子过成富日子，把没有生气的生活，过得有滋有味。换一句话说，折腾的另一个名字其实叫"奋斗"。

人的一生，不应该了无生气地默默无闻，而应该轰轰烈烈地高歌猛进。只有努力过，奋斗过，在艰难的日子里流过泪、流过汗，我们的人生才不算虚度，我们的生活才有光彩。

没有一种人生不辛苦

英国科学家贝弗里奇说："思想上的压力，可能成为精神上的兴奋剂。"

我们生活在一个优胜劣汰的社会，人人都要承受来自竞争所产生的方方面面的压力。职场生存更是如此，不进则退。一个女人要想做成大事，就必须能够承受竞争压力的考验，并采取一种比较积极的态度来迎接压力，把压力当成推进人生的动力。

因为没有一种人生不辛苦。

林玲大学时是学文科的，毕业后却到了一家IT公司工作。初到工作岗位上的她却经历了前所未有的磨难。

刚到公司时，一些资深的员工知道她对IT业一窍不通后，根本没有人愿意帮助她。"我常常能听到其他人背地里议论，说我肯定在这行干不长，什么都不懂的人怎么可能有所作为。"

依着林玲以前的火暴脾气，她一定会找那些人理论，但是这次没有。"其实仔细想想他们说的话，也是有道理的，谁愿意放弃熟悉的专业而学习一个从未接触过的行业呢？"

面对着沉重的压力，林玲没有退缩，她清楚地知道自己应该迎难而上。业务上没有人教她，她就自己摸索，别人不愿意干的活儿她全干。公司里经常会有业务出差和跑腿的活儿，这些都是技术含量低，而且非常辛苦的差事，资深的员工大多不愿意接。

林玲却不这样想，她把这当作一个个难得的锻炼机会，"我本来就什么都不会，技术含量低正好对我的路子，而且出去以后，可以接触外面的人，学习到很多新东西，更快地熟悉工作流程。"

林玲就抱着这样踏实肯干的态度工作，如今，她已经比一些资深的老员工干得还要出色，压力自然而然就消失了。

承受压力，缓解压力，其实就是一个适应环境的过程。如果环境对一个人的要求高于她所能达到的，那么压力就会增大；如果环境没有什么要求，也不具备什么挑战性，那么人们对一切就会无动于衷，也就不会有什么压力可言。

压力的存在，在一定程度上能够保持人的警觉（清醒状态）和合适的行为模式。缺乏了压力的生活，人就会沉于懒惰，而不知挑战人生的意义和乐趣，这样就难以成就大事。

一个女人生活在这个世上，必然要经历人生的角斗场上的种种角斗，克服不同场合隐藏的危险，承受一些难以承受的压力。而工作的过程，就是由一连串的在遭遇困难时的努力与克服困难所取得的成就连起来的。

一个女人是否能在工作中实现自己人生的目标和价值，就取决于她是否具有坚忍顽强的性格及承受压力的能力。韧力可以从以下几方面着手去培养：

一是树立一个打造韧力的目标。确切地知道自己最想要的是什么，是培养韧力的第一步。凝练鞭策的力量会使一个人主动克服重重困难，自觉锻炼韧力。

二是孕育获得韧力的欲望。人一旦有了强烈的欲望，就会为之去奋斗，此时最容易锻炼和获得韧力。

三是具有足够的自信。相信自己一定能行，只有认为自己是最棒的，才可以督促自己利用坚韧的精神来完成各项事业。

四是与人合作。以积极的热情投入到生活中，学会与人合作，了解和适应别人的生活方式，建立融洽的生存关系，能促进韧性的发展。

五是张扬意志力。为了达到既定的目的而自觉去努力，在意志层面不断让自己成为一个有耐力、有恒心的人。

六是加强体育运动。经常进行体育活动，培养人生在困境中的坚韧与弹性，强化驾驭生活的能力，从而使生命更坚挺。

总之，要想成为一名优秀的女性，当你在面对巨大的压力时，你要善于激发出自己身体中的潜能，将种种压力与不幸转化为成功所需的韧力，从而使自己的人生逐步走向成功。

一直贫穷是你的错

一个女孩，小时候贫穷，不是你的错，因为你没法选择你的出身。但是，如果工作若干年，你依然贫穷，那就是你的错了。你有没有想过，一起读书，一起工作的很多女孩，几年后，有的买了车，有的买了房，为什么你依然一无所有。

同样为人，她们并不比你多一个鼻子，也不比你多一只眼睛，说不定有的还没有你漂亮，但是，凭什么她们就能捷足先登，率先过上了令你羡慕的生活？

这里面当然有许多社会的因素，比如，家庭背景、父母身份，也有少数人确属于天赋异禀。那么，排出这一部分人，当和我们一样的普通人，也拥有了那些令你眼热心跳的东西时，你难道还不该反思一下自己的原因吗？

年轻的女孩要想有钱，首先要爱钱。只有对金钱有了爱惜之情，你才会在日常生活中寻访金钱的影子，才会想尽各种办法去挣钱，才会在日常生活中减少浪费。

只有学会了珍惜金钱，合理地支配金钱，你才能将自己的财富运用得当，才能守住自己的财富"江山"。只有你学会了投资，学会了金钱的"再创造"，你才会让钱生钱，让自己更加有钱。那么怎样才能穿过赚钱的迷雾，成为一个真正的"财女"呢？这里有六步理财法，一步步走下来，你会发现自己也成了"有产阶级"。

第一步，从重视小钱开始。

很多人都认为投资得有一大笔钱才能开始，总存有手头上的钱暂不宽裕的心理。他们认为投资一次性至少也得是万儿八千的，否则就没什么意义。

但是，富翁的钱也是从一元钱攒起来的，财务自由不是一天就可以实现的，财富的围墙也是一块砖一块砖地垒起来的。任何一点小钱，都是围墙上的一块砖，如果抽走了，就可能垒不起财富的长城。

第二步，积少成多也能成大富翁。

一元钱也许不起眼，但是千万个一元钱就是一笔大财富。你现在节约下来的每一元钱，都是筑造财富大楼的一块基石。攒钱如此，花钱也如此，花20元钱和40元钱也许一次比起来没有什么区别，但时间长了，所产生的贫富差异却很悬殊。

第三步，不能只活在现在。

有一些女孩说不愿意投资股票，因为她不想等10年才成为富婆，她只想享受眼前的生活。事实是，10年后你不能保证比现在过得更好。你将来的生活条件是由你现在所做的投资决定的，所以，不妨在此刻为你的将来做好准备！

第四步，让我们来买公司本身。

有些人总存不下钱，他们觉得钱是花出去了，但从来没见到任何回报。针对这种情况，建议大家不再买公司所销售的产品，开始买公司本身。

美国对有钱人（年收入22.5万或持有300万资产）做的一项调查表明，富人会把他们全部收入的30%左右拿去投资或储蓄。

第五步，贫富不在于存折的厚薄。

如果你的工作付给你每年10万的薪水，要想达到年薪百万，你就得找10份工作，但那时的你身体却会因此垮掉。难道100万就真的赚不到了吗？

但是，仍有很多每年赚100万的人，他们也只有一份和你相当的工作，却不断地有支票入账。二者的区别就是，智者并不看工资的多少，而是看怎么才能让里面的钱高效地运转起来。

第六步，不走父母的老路。

如果你不想像父母一样辛苦操劳一生而依旧清贫的话，那就别过他们的生活，要从他们那一代人的思想中解放出来，把投资和财务储蓄永远放在人生中的重要位置。

　　要想成为"财女"，就要抛弃你心中那些陈旧的金钱观念，走新的理财道路，只有这样，才能成就新一代的小"财女"。

你的责任必须自己承担

　　贝蒂起初只是跻身于500强企业的一个小职员，但她很有才干，也很好学，所以颇受领导的赏识和青睐，短短的几年就被提升为公司的预算部主任，负责波音内部各种项目的预算工作。

　　有一天，一个老预算师在查她所做的预算时，发现她算错了3万美元，这对公司内部其他工作流程造成了非常不利的影响。于是，老预算师就把这件事呈报给了上司，后来总经理也知道了这件事。

　　贝蒂知道后非常生气："他不该查我的预算，他也不该提出来，这是对我的不尊重。"

　　"你认为预算师不应该提出来，难道你要让公司蒙受损失来维护你的尊严吗？"总经理耐心地对她说。

　　贝蒂听后没再反驳。总经理继续劝她说："发现了错误没什么，只要从错误中吸取教训，下次改正就完了。但如果不善于学习，不善于提升自己，就很难做出什么大成绩。"

　　过了一段时间后，人们几乎忘记了这件事。可是在一次对材料的预算过程中，她又出现了同样的错误。当总经理批评她时，她仍是非常不服气，一点儿认错的态度都没有。

对此，总经理十分不解："要知道，我们公司是一个以技术为导向的企业，最重视安全，对各项程序的要求非常严谨，不能有丝毫差错。所以，公司非常重视人才是否具有学习的能力，是否能进行自省。你当初从一个小学徒努力学习，做到现在的位置，你更应该发挥你的潜力才对。你本来是一个很有发展前途的年轻人，但你总是不断地犯同样的错误，不能从错误中吸取教训，不善于学习，不知改进，这是公司和我都难以接受的。"

最后，无奈之下，总经理也只好让贝蒂离开了这家公司。

对于每一位职业女性来说，事业成功与失败的距离其实并不遥远，它们之间的差别就在于你能否进行自省，坚持每天进步。

古希腊著名哲学家苏格拉底曾说："未经自省的生命不值得存在。"自省是认识自我、发展自我、完善自我和实现自我价值的最佳方法，也是女性在职场中成长必须养成的良好工作习惯。

只有不断自省，你才能发现自己的缺点，也才可以知道自己的优势，从而帮助自己更加合理地安排工作，规划未来。

"聚沙成塔，集腋成裘"，质的飞跃，源于量的积累，每天让自己提高一点的威力是无穷的。假如你每天都不愿意检视自己，不愿意进步，那么在心理上你就永远都不会认同自己，无法获得必胜的信心。

培养进行自省的好习惯，必须抛弃"只知责人，不知责己"的心理。反省的立足点和取向主要是针对自己，醒悟自身的不足之处。在工作中，这不仅是自身素质不断完善的手法，而且是融洽人际关系的法宝。

在面对问题时，如果总是以"这不是我的错""我不是故意的""没有人不让我这样做""这不是我干的""本来不会这样的，都怪……"这样的借口逃避责任，将永远也无法正视自身的问题。

很多人因逃避或拖延了自身错误引起的不良后果而自鸣得意，却从来不反省自己在错误的形成中起到了什么样的不良作用。长此以往，只会让自己具备更多的坏习惯，距离成功也会越来越远。

作为职场的女人，如果你每天给自己留下一点时间，哪怕是短短的5分钟，对自己进行反省，那么你就一定能够享受到自我反省的诸多益处。

相信它能够为你启迪智慧，开拓思路，打破常规，更新观念，使自己不断完善，不断尽美。实际上，每天需要自我反省的问题很多，如诚实信用、处世交往、上下级关系、人生机遇、职务晋升、行为习惯、修身学习、身心保健、家庭关系和亲子教育等众多方面，都是你可以进行反省的对象。

总之，女性应该养成自省的良好工作习惯，时刻进行自我检查与审视，每天进行"心灵盘点"，及时知道自己近期的得与失，思考今后改进的策略，事业才能有更长远的发展。

坚持自省，才能清晰地看到自身的不足与长处，才能在职场沉浮中立于不败之地。

无法起床，不是你不去上班的理由

有些女孩刚刚上班，就有赖床的习惯，特别是到了冬天，晚上稍微熬一下夜，第二天就不想上班了。这种习惯非常不好，它可能会使你的一生一事无成。

懒惰是每个人都有的，它是人的一种天性，是人的一种自我保护本能过分表现，就像睡眠一样与生俱来。人喜欢休息，也需要休息，但休息过分了就成懒惰了。

懒惰是人需要经常与之斗争的天性，战胜了懒惰，人就能上升，屈服于懒惰，人就会下降。在我们的生活中，有很多人因为战胜懒惰而成为一个成功的人，而有一些人却不能改变这个毛病，以至于干什么事都是半途而废，终不能成功，成为一个失败的人。

贫穷最容易让人安于现状了，这也是贫穷者之所以穷的原因之一。安于现状也是一个懒惰的表现。因为他们安于现状，就不愿意去思考未来的事情，自然就不会去对全局进行长远的规划，整天守着自己的那一亩三分地，哪里还看得到外面广阔的世界？

如果一个人对自己的人生没有任何打算，那么，他就无法达到想要的成功，也无法得到想要的财富。

贫穷者因为懒惰而不愿意对自己的事业制定一个长远宏大的规划，从而使自己不知道该追求什么，自己该往什么方向努力，自然也就只能安于现状，老老实实地过一天算一天了。这样下去，人便失去了斗志，也不会去追求财富，一生只可能是一个贫穷者。

懒惰的人经常是无业游民、贫穷者，他们不愿意找费力气的工作，也不愿意找看似低下的工作，还不愿意找人们看起来不好的工作。他们也因懒惰而不去创造让自己成为富人的事业，即使别人看不起，他们也不愿意去行动。

贫穷者因为懒惰，会在白天休息得足足的，没事就大睡特睡，他不会为自己的将来做任何打算。一到了夜里，他们就会去做不该做的事情，会在夜里疯玩，成为一个地地道道的无业游民，成为一个游手好闲的人，一个名副其实的贫穷者。

这样的人不会受大家的欢迎。由于懒惰，其思想会像不长稻谷的田地一样，长满荒芜的杂草，总想不劳而获，其结果很简单，就是人见人躲。

也正是因为他们的懒惰，使他们养成了一种恶习，不会为自己的事业去努力、去争取，将终生成为一个贫穷者。这也可以说懒惰是贫穷者的习惯。

有一个人死后见阎王。阎王一查生死簿，发现有点不对头，便问土地神："此人应该是个富人，为何却穷死了？"

土地神说："他命里是该有一千两白银，我早就把银两埋在他家田里了，等着他挖出来。谁知这么多年，他就是不肯深翻土地，所以我只好把银两转交给灶王爷安排了。"

灶王爷一直站在旁边，还没有等阎王开口，灶王爷就赶紧呈上一个沉甸甸的包袱，说："大王，此事我已办过，我

　　将这一千两银子放在他的床下，想让他扫地时发现，哪里知道他扫地根本就不扫床下。等我察觉时，他已经到您这儿报到了。"

　　阎王叹口气说："富命不努力，与穷命又有什么区别？你们把这一千两银子给那些勤奋的人吧！"

　　如果故事中的这个人，去翻一下土，扫一下床下的地，也就不会落下穷死的后果了。一个懒惰的人，既然有致富的机会，他也不会得到。

　　一个懒惰的人，他喜欢安于现状，而不愿意上进，所以他只能睁着双眼嫉妒别人的财富，而自己却始终是贫穷者，跨不出穷的门槛。财富不是金蛤蟆，它不会自动往你袋里蹦。

　　要想成为一个富人，一定要克服懒惰。贫穷者如果一直懒惰，他将永远是一个贫穷者，是不会成功的。

　　一个身体懒惰的人，他是光想不干；大脑懒惰的人，则是光干不想。身体懒惰的人每次想的都是不同的问题，说不定常常还会想出些新鲜的思想和念头，但他却什么也不会去做；而大脑懒惰的人一辈子都干着一样的工作，但他从来不考虑去改变什么。

　　贫穷者身上往往有这两种懒惰，他们要么就是光想不做，有再好的致富方法也只是说，最终不能实现，不会成为一个富人。而另一种体现在贫穷者身上，他们只顾蛮干，从不考虑如何不再这样，过上富有的日子，这样的话，最终也是一个贫穷者，一辈子成不了有钱的人。

　　所以，一个要想成功的贫穷者，一定要勤奋，不能懒惰，因为机会总会留给勤劳而又善于观察的人。

　　一个贫穷者过日子总是三天打鱼两天晒网，他怕苦畏难，好逸恶劳。他的这种生活方式，是他人生的伤痛，是盘旋于生命天空的一片乌云。

他从没有想过怎样让自己不再是贫穷者，怎么才能过上富人的生活，他有的只是羡慕那些富人。

其实，这是一个很简单的道理，只要自己去努力，不再懒惰也会有自己的好日子，过上有钱人的生活。只有彻底告别懒惰，才能成为一个真正无忧的富人。

古人云："精勤则道成，懒惰则道败。"这个道理很简单，可就是有些人不理解，也有一些人理解了而不去做。

一个懒惰的人，他注定会一无所有，事业失败，生活混乱，最后是两手空空，过着穷困潦倒的生活；而一个精勤的人必定会用汗水和勤快，赢得生活的灿烂和人生的辉煌，收获累累硕果，也会在事业上取得成功，成为一个富人。

一些懒惰的贫穷者一生都坐待时机，等条件成熟，头发都等白了，也没有那个成功的心了，更不会干出什么事，就这样过了一生的穷日子，等了一生也没有过上富有的生活。

一个懒惰的人永远不会有成功的机会，因为机会不是等出来的，是干出来的。干起来再说，边干边寻找机会，边干边创造条件，只有告别懒惰去干，才能有一个成为富人的机会，一个让自己成功的机会。只要大方向是对的，也许最初看起来没有希望的事，最终会有好的结果。

懒惰是很难克服的，但如果一个贫穷者真的想成为一个富人的话，他一定下决心去克服它。很多的事情都是在它一次又一次懒惰的拖延下，让成功的机会擦肩而过，失之交臂。

之后，就是失望，就是自责。恶性循环中，以至于养成一种可怕的习性，它让贫穷者不能成为富人，他让成功成为失败，所以，一个人要想成功，必须战胜懒惰，这样才能让自己变得富有。

在一个贫困的小山村里，住着许多的贫穷者，有一天，一个富有的商人到这里考查，他发现小村里的人极其贫穷，很多人家吃饭时都没有筷子，只得用手抓着吃。

商人决定捐助一些财物给这里的贫困户。然而，当他走到村后的时候，却忽然改变了主意——他看见漫山遍野都生长着一种很适合做筷子的竹子，于是，他便让这些人把竹子做成了筷子，并销售到外面去，没过多久，小村便有了生气，富了起来。

"穷"对一个人来说并不可怕，可怕的是他怕穷。每一个人一到世上都是一无所有的，那些富人，大官也一样，要想富有，就要学会发现，告别懒惰，学会勤劳。

一个贫穷者不想再穷就要告别懒惰，懒惰不能控制每一个人，只要这个人敢想、敢干、勤奋、吃苦耐劳，锐意进取，而不是安于现状，小富即安。

在致富的过程中一定要舍得付出，敢于拼搏，能勇往直前，遇到困难，不屈服，最终会成为一个成功者，不再过穷日子。

不管是贫穷者还是富人，面对充满竞争的社会，都不能胸无大志、安于现状，而应该挑战自我，不能让自己懒惰。自己身上的危机越多，就越不能回避，而是要像医生治病一样，把自己身上的病菌消灭干净，否则就会影响整个身体的健康。一个人要想挑战自我成功，必须克服懒惰，学会勤劳，才有一个完美的财富人生。

一个人不管是多么的穷困，只要他不懒惰，总有一天，他会成为一个成功者，如果一懒再懒，而不坚持做某件事，就绝对不会有所作为。所以，想告别贫穷，就必须克服懒惰，坚持勤劳。

你的圈子是你的人脉资源

圈子也就是你的社交圈，也就是你平日与人交流、沟通的地方。圈子其实是你生活的一个部分，每个人都会有自己的圈子：家里的圈子、朋友的圈子、同事的圈子以及其他任何有关的圈子。

圈子包含了很多东西，包括人脉，包括资源，没有了圈子，你也就相当于是井底之蛙，你从外界获取不到任何的东西，当你有困难的时候，你也无法通过圈子找到人来帮助自己。

在我们这个社会，你想生存下去，单独靠你自己打拼时，永远是不可能的，你需要身后的队友和家人的帮助，也就是你身边的每一个圈子，圈子越多你成功的概率越大。

现代女人大多都是"圈子动物"，她们喜欢社交，会把自己的人脉妥善地进行划分，然后随心所欲地在各个圈子里自在畅游。通常，她们的生活中会有"第一圈子""第二圈子""第三圈子"之分。

一般而言，"第一圈子"中利益的成分很大，因为将彼此联系在一起的是工作。很多事情，就算你不喜欢，你还得做；很多人，就算你不喜欢，你也得和他们打交道。在这个圈子里，有你不喜欢但必须面对的人，这个圈子未必轻松，但绝对重要。

　　林岚是一家报社的记者，因为工作的关系，她有一个娱记的圈子。这个圈子里有自己的游戏规则，大家泡吧、赴诗会、开新闻发布会、搞策划，彼此之间有着心照不宣的默契。

　　为了维护自己在这个圈子里的地位，林岚经常临近子夜才从各种场所赶回家。在聚会中，还得有各种新鲜话题和小道消息，否则很容易被人认为"最近没出来吧"。

　　林岚因为这样的圈子和圈子带来的生活感到有些疲惫，但她很难真正摆脱它。因为各种工作、利益关系都是围绕着这个圈子进行的，怎能说放弃就放弃呢?于是，她年纪轻轻便有了人在江湖、身不由己的感触。

　　第二个圈子是事业上的圈子。"成王败寇"，对于这个圈子里的人和事你不能不百分之百上心，但是有所付出必有所收获，平时多联络联络，花点心思增进一下彼此间的感情，也许会有"四两拨千斤"的神奇功效。但事业归事业，你还得有自己的业余生活，于是，"第二圈子"便是你娱乐休闲的理想选择。

　　你可以和一帮小姐妹约好每周末做美容，善待自己外加放松心情;你可以和几个玩得来的朋友下酒吧逛商店，聊到哪里是哪里;你可以时不时和"亲密战友"一起出门旅游，潇洒走天涯。这样的圈子很松散、默契，因为大家的目的取向很明确，就是追求快乐。

　　还有一个圈子就是"志同道合"的精神上的朋友圈子。

曹美兰喜欢旅游，每次出行必先读书，再画地图，然后按图索骥，开车自助游。每次出游的伙伴都是新的，因为这个缘故她交了不少朋友。

"这个圈子没有利益关系，完全是因为共同的爱好才走在一起，所以轻松愉快，大家在一起交流最近的旅游心得，相约更大的旅游计划，很快乐。我奉行的标准是根据不同的需求去寻找不同的圈子，这样才能获得快乐，我的生活也因为他们而变得丰富多了。"

所以说，搭建圈子就是在搭建幸福快乐、有条不紊的人生，当然，更是为了将来的成功铺路。

在现代社会，越来越多的人懂得了这个道理。所以，读MBA的人可能不是为了充电，考托福的人也未必想出国，考司法的人不一定要当律师。许多人原本是为了一张证书而进入某个圈子，后来变成了融入某个圈子，顺便拿张证书。证书对于他们来说，已经不是一张许可证，而是一张融入某个社交群体的准入证。

不过，"圈子"虽好，却不能一成不变，就像盖好的楼盘，要想着开发二期。

在打造关系网的过程中，已经认识的人很重要，你目前的联络网是奠定你未来关系网的原料。总是几张熟得不能再熟的脸相对，哪还有新鲜感？你的"圈中人"不可能只认识你一个，不妨互相交换，带好各自的朋友扩大联盟。这样交叉着，你的"圈子"很容易扩张，你的朋友就永远新鲜。

聪明的女人就是这样，她们不避讳与人交往，她们快乐自由地游弋于各个"圈子"之间,在长袖善舞中,绽放着自己芬芳四溢的人生。其实不仅是她们,只要你愿意,你同样也可以!

别把生活过成一个死局

一个女人,要想取得事业上的成功,仅有工作能力是不够的,既要努力做好自己分内的工作,又要处理好人际关系,特别是同事之间的关系,因为大多数年轻的女人社交圈子都不是很大,生活中能接触到的无非是自己的亲人、同学、同事。在这种情况之下,梳理同事关系就显得尤为重要。能获得同事的支持和信任,对一个人事业的成功有巨大帮助。

荷兰哲学家斯宾诺莎说过这样一句描述同事之间微妙关系的话:"人不会嫉妒树木的高大或狮子的威猛,只会妒忌一个地位与他相等、工作也与他相同的人。"同事之间由于工作性质相同,都行使相同或相似的权力,相互之间的比较和竞争便很容易产生彼此间的嫉妒心理。

在现实生活中,应酬同事,处理好与同事之间的关系是很令人头痛的事情。但是,现在的社会环境中,要求同事之间有竞争的同时也要有合作,企业更看重团队整体的战斗力。因此,掌握应酬同事的技巧,营造融洽的工作氛围是十分必要的。管他是狼男还是狐女,先交了再说。

俗话说:"路遥知马力,日久见人心。"每天和你在一起时间最长的,不是你的亲人,也不是你的朋友,而是你的同事。

同事之间的关系是双方长时间在一起工作建立起来的,良好的关系需要彼此从一点一滴的小事做起，注意日常工作的细节，彼此之间要相互尊重、理解、促进、配合。

十个人有十种不同的性情，要想与同事们愉快相处，就要努力增进彼此的了解，融洽彼此的感情。由于工作上的竞争，平级之间因工作闹点矛盾是难免的，所以，同事之间大都存在戒备的心理，暗中较劲。要想消除这种隔阂，就要积极地与同事接触。

大家应该都知道廉颇与蔺相如的故事，他们都是赵王手下的重臣，其他诸侯国皆因二人的才干而不敢侵犯赵国。但廉颇一直认为自己的功劳比蔺相如大，便处处与其为难，而蔺相如并不计较这些，而是把国家利益放在首位，终于感动廉颇亲自上门负荆请罪，成为千古佳话。

同事之间也应该摒弃成见，精诚合作，形成坚不可摧的整体。

如果你想做一个受人尊敬和欢迎的人，就必须时时刻刻去关心他人，与他人在情感上同甘共苦。任何一种感情都需要用心去"经营"，真诚的心就是对良好的人际关系的一种"投资"。

比如生日聚会的祝福，逢年过节的问候与拜访，女同事之间相约去看演唱会、一起逛街，等等，都可以拉近彼此的距离。

此外，还要懂得欣赏别人。同事之间由于工作的关系，有时候会产生抵触、妒忌、敌对等负面情绪。

事实上，工作的过程也是积累的过程、相互促进的过程，同事之间应该虚怀若谷，该请教的时候不耻下问，该佩服的时候要竖起大拇指。如果能够看到别人身上的优点，并延及自身，也是对自己的个人能力和素养的提升。

所以，当看到同事有过人之处，或是取得了好的业绩时，要学会适时地、真诚地称赞对方，以加深同事间的情谊。

亲爱的，别打肿脸充胖子

　　许多女孩都有爱慕虚荣之心，上大学时她们经常会为男朋友送自己玫瑰的朵数比来比去。走进社会，虽然每个人都有了自己的工作，但是三天两头的同学聚会，让她们感觉一定要让自己变得体面一点，在同学面前露露脸。

　　但是，刚刚工作的薪水只够基本的生活费用，想买一些高档的化妆品和衣服，就只有刷信用卡。就这样，很多女孩成了"卡奴"。我们经常看到一些年轻人背着昂贵的名牌皮包、穿着高档的服装，但是她们钱包里也只不过有几张信用卡。

　　其实，当今这种信用卡泛滥的局面正是一些人总爱面子打肿脸充胖子导致的。

　　有一对夫妻，双方都在公司里做小职员，每月总共有几千块钱的收入，女儿在上初中。他们夫妻俩都觉得自己这一辈子没有什么出息，立志把女儿培养成才，省吃俭用把女儿送到郊区一所寄宿制"贵族学校"读书，一年要花几万元的学费。

　　为了方便接送女儿，他们购买了一辆很便宜的汽车。由于女儿平时在学校住宿，每周五才能回家，丈夫每到周五就提前下班到学校去接女儿。

　　女儿刚上"贵族学校"的时候还能集中精力学习，但是仅仅过了一个学期，当她看到自己周围的同学多是出生在有钱人家，他们的父母大多是董事长、总经理，而自己出身贫寒，虽然每月父母给自己的零花钱已经不少了，但同那些出手大方的同学相比，还是显得很寒酸。

　　于是，女儿的心理越来越不平衡，每次回家不是嫌自己的衣服档次太低，就是嫌父母给自己的零用钱太少，给父母造成了非常大的心理压力。

　　有一天下课，父亲照旧开着自己的汽车到郊区的"贵族学校"接女儿。他为了不让孩子觉得面子上过不去，每次都把车停在离学校很远的地方，避免同那些奔驰、宝马等高档车混在一起。

　　他看到女儿和几位同学说笑着走了出来，到了校门口，女儿的同学都坐上自家的高档车走了。刚才还和同学有说有笑的女儿，却表情冷淡地对迎上来的父亲说："以后不要来接我了，我自己打车回家吧。"父亲听了这句话以后，就知道女儿思想变了，心里非常难过。

　　回家以后，夫妻俩就这个问题交流了看法，他们觉得长此以往，女儿在"贵族学校"可能会学到一些知识，但同时也会学到一身坏毛病。最后，两口子商量以后，决定把女儿转到离家很近的一所学校上学，家里渐渐地恢复了平静。

这个例子中，我们可以看出父母打肿脸充胖子的心理，让孩子也受到了不良影响。其实，生活是自己的，这个世界人与人生来是不一样的，所以肯定存在着比自己强的人。

如果处处都想和别人比个高低，超出自己经济实力地去比，到头来不仅让自己背负一身债务，别人知道实情后也会瞧不起你。

我们努力工作，快乐生活，这就是一种幸福。如果生活的唯一目的就是和他人比较，那样的生活就不是自己的生活，你只是别人生活中的一个玩偶罢了。

人活着都要爱面子，如果年纪轻轻不是为了自己将来的事业和理想多用一分力，而是天天忙于和别人攀比，那你注定是输家。

所以，挣多少钱就花多少钱。如果哪天发现自己不如谁过得好了，应该从自身找原因，完善自我，勤奋努力，而不是盲目地为了攀比去刷爆信用卡，去借钱买奢侈品。这样的生活只会让你进入恶性循环状态，越来越没钱。

会说话，到底有多重要

优雅的言谈是一位女性精神面貌的体现，要开朗、热情，让人感觉随和亲切，平易近人，容易接触。作为白领女性，呵气如兰的优雅谈吐，会令你深得人心。

无论你生性多么聪颖，接受过多么高深的教育，穿着多么华丽的衣服，如果无法恰如其分地表达自己的思想，那么，你始终只是职场中一棵无人喜爱的小草，永远无法变成人见人爱的白天鹅！

反之，如果你有机智的头脑，灵活的口才，即使是偶尔说错话，也能迅速地扭转过来。

"人有失足，马有乱蹄"，在人们的日常交往过程中，难免会陷入口误的窘境，有时在不经意间甚至"误"得十分离奇、"误"得非常荒诞。虽造成口误的个中缘由不尽雷同，但导致的结果却不难预测：轻则贻笑大方、冷却场面，重则引发纠纷，甚或反目为仇。

如果没有技巧去化解，就只能面呈愧色、心添懊恼，但是一个思维和语言机敏的人却能自圆其说，化险为夷，甚至变"废"为宝！

一次，上海东方电视台著名节目主持人袁鸣应邀到海口市主持"狮子楼京剧团"建团庆典。

由于去得匆忙，一上场，袁鸣就闹了个口误："现在我荣幸地向大家介绍光临狮子楼京剧建团庆典的各位来宾——今天参加庆典的有……海南师范学院党委书记南新燕小姐！"

这时，台下缓缓站起一位白发苍苍的老教授！哇，小姐变成了老翁！全场沉寂之后是一片哄笑……

可袁鸣自有妙招："对不起，我这是望文生义了。不过，南教授的名字实在是太有诗意了。一见到南新燕三个字，我立刻想起两句诗：'旧时王谢堂前燕，飞入寻常百姓家'，这南飞的新燕是一幅多么美丽的图画！就像我们今天的情景：京剧一度是清末的宫廷艺术，是流行于我国北方的戏曲，但是现在已经从北方流传到南方，跨过琼州海峡，飞到海南——这又是一幅多么美妙的图画呀……"

话一说完，顿时掌声、欢呼声四起。

袁鸣"口误"引起哄笑，当然先要道歉；但道歉之后并没有"服输"，而顺题立意，快速完成了新的命题构思，浓墨重彩描绘了两幅画面：一是古诗之画，意在赞美老教授名字寓有诗意；一是现实之画，扣住京剧历史的话题，紧密联系"狮子楼京剧团"的成立庆典的现场语境，天衣无缝。

在工作与生活中，人们都免不了失言，各位女性也不会例外，尽管有各种各样的原因，但失言后让人笑话终究是一件令人感到尴尬的事。尤其是在较为正式的交际场合发生口误导致失言，很可能会带来更难堪的局面。

失言虽然不可避免，但是也并没有想象中的那么可怕，只要积累经验、掌握技巧，就能够在一定程度上挽回失言所带来的恶劣影响，甚至产生出乎意料的特殊效果。

在一次飞行时，一位空姐和往常一样本着"顾客至上"的服务精神，热情地询问一对年轻的外籍夫妇是否需要为他们的幼儿预备点早餐。那位男乘客用中国话答道："不用了，孩子吃的是人奶。"

因为没有仔细听这位先生的后半句话，为进一步表示诚意，这位空姐毫不犹豫地说："那么，如果您的孩子需要用餐，请随时通知我好了。"

那位男乘客先是一愣，随即大笑起来。这位空姐如梦初醒，羞红了脸，为自己的失言窘得不知如何是好。

现实生活中，常常会有因说错话而陷入尴尬困境的情况。这种情形的出现或多或少会给人际交往带来负面的影响。因而错话说出以后如何进行补救就显得尤为重要了。为了使自己的错误能够及时得以补救，创造良好的人际关系和心境，最要紧的是掌握必要的纠错方法。

那么，当你出现口误后究竟如何逢凶化吉，巧妙补救呢？

可以将错就错。准备不充分、说话速度快，容易口误；心情紧张、受个人阅历和学识程度的限制，也容易口误；有时即使自己认为是很精当的遣词造句，但在特定的语言环境下也能成为"口误"。顺"错"补救，借助于对原句的增减，或对原句意思的重新挖掘，加以巧妙掩饰，则能"转危为安"，甚至妙趣横生。

　　曾有一位企业老总，为解决企业资金短缺，发动员工利用各种关系跑贷款。在一次汇报会上，一位员工对跑贷款感到很难很灰心，便引用了古人诗句"十扣柴扉九不开"来形容。

　　老总听后大不悦。这位员工敏感地觉察到是因为自己的"口误"所致，便灵机一动，话锋一转："虽然十扣柴扉九不开，但毕竟还有'一开'，只要我们'多扣'多跑，还是能够打动金融部门芳心的！"

出现口误后，也借意转述。如口误发生后不及时化解，令对方难以容忍，甚至局面有可能无法收场时，你不妨借用另一层他类义项来诠释巧解因口误产生的"麻烦"，从而"死"里逃生，走出窘境。

　　有一次，在一个热闹非凡的婚礼上，女主持人在宴会的中途竟出现了不可原谅的口误："各位来宾，今晚为新郎新娘送来花圈祝福的还有……"顿时，整个热烈的场面一片寂然，众人相视。

男主持人低声提醒女主持人，说溜了嘴，可老到的女主持人不慌不忙："很抱歉，我原以为美丽的新娘是朝鲜族人，因为韩国人结婚时亲友都送花……（双手合抱，意味着，"圈"字）。"

借他义而加以转述，成功地帮女主持人"突围"。喜事还在进行中，谁还想深究其责？

出现口误后，还可以借题发挥。就是错话一经出口，在简单的致歉之后立即转移话题，有意借着错处加以生发，以幽默风趣、机智灵活的话语改变场上的气氛，使听者随之进入新的情境中去。

曾有一个新毕业的大学生去某合资公司求职，一位负责接待的先生递过来名片。大学生神情紧张，匆匆一瞥，脱口说道："滕野木石先生，您身为日本人，抛家别舍，来华创业，令人佩服。"

那人微微一笑："我姓滕，名野柘，地道的中国人。"

大学生面红耳赤，无地自容。片刻后，神志清醒，诚恳地说道："对不起，您的名字使我想起了鲁迅先生的日本老师——藤野先生。他教给鲁迅许多为人治学的道理，让鲁迅受益终生。今天我在这里也学到了难忘的一课，那就是'凡事认真'。希望滕先生日后也能时常指教我。"

滕先生面带惊奇，点头微笑。经过认真的考核，最终录用了他。

出现口误后，也可以自我解嘲。就是在错话出口之后，机智地将话题引向自己。通过对自己的善意攻击来消弭对方的敌意，转移对方关注的焦点。这样做的好处是，能够不露痕迹地照顾到对方的自尊心，同时巧妙地使紧张的气氛得以缓和。

恭维表白，也是出现口误后进行补救的一种方法。恭维表白就是巧妙地通过恭维对方以达到自我解困的目的。有这样一例：

> 一个高高瘦瘦的小姐新买了一件掐腰的短上衣，兴冲冲地邀女友品评。女友见她穿了新衣越发状如衣板，不禁脱口说道："这件衣服并不适合你。"对方顿时面沉如水。
>
> 女友见状自责，转而笑吟吟地说道："像你这样苗条修长的身材，如果穿上那种宽松肥大长至膝下的衣服，就会越发显得神采飘逸、潇洒大方了。那些矮而又胖的人就穿不出这种气质来。"
>
> 小姐听罢顿时转怒为喜。

俗话说："良言一句三冬暖，恶语伤人六月寒。"任何人都会反感恶语而绝不会拒绝赞美。适度的恭维既会令对方心生暖意，又会令自己摆脱语误的困境，何乐而不为呢？

会说话，对于一个女人来说真的很重要。

为什么你怎么努力都不如别人

在现实社会，你和同学们一同毕业，一起找工作，感觉都在同一起跑线上，可是在短短的几年时间后，有的同学开着跑车来了，有的当了官，有的买了房，还有的做生意挣了大钱。

你自己尽管也很努力，可为什么手里还是一无所为？这个时候，你就要好好想一想了，相信你并不比别人笨，只要勇敢地去找寻失败的原因，提升自己，战胜自己，就一定能赶上你的同学，把人生这局棋同样走得精彩。

人生就像是一盘棋，怎样去下，每一步要怎样去走，全由自己来掌握。也许会走错棋，也许会走进死胡同，没关系，只要这盘棋还没有结束，一切转机都有可能出现。

只有勇于战胜自我，才能少一些不必要的烦恼与忧愁。战胜自己，何需等待！拿出你的勇气来，勇往直前，永远进取吧！

女性朋友，让我们来看一个战胜自我的小故事吧：

巴雷尼小时候因病成了残疾人，母亲的心就像刀绞一样，但她还是强忍住自己的悲痛。她想，孩子现在最需要的是鼓励和帮助，而不是母亲的眼泪。

母亲来到巴雷尼的病床前，拉着他的手说："孩子，妈妈相信你是个有志气的人，希望你能用自己的双腿，在人生的道路上勇敢地走下去！好巴雷尼，你能够答应妈妈吗？"

母亲的话，像铁锤一样撞击着巴雷尼的心扉，他"哇"的一声，扑到母亲怀里大哭起来。从那以后，母亲只要一有空，就帮巴雷尼练习走路，做体操，常常累得满头大汗。

有一次母亲得了重感冒，她想，做母亲的不仅要言传，还要身教。尽管发着高烧，她还是下床按计划帮助巴雷尼练习走路。黄豆般的汗水从母亲脸上淌下来，她用干毛巾擦擦，咬紧牙，硬是帮巴雷尼完成了当天的锻炼计划。

体育锻炼弥补了由于残疾给巴雷尼带来的不便。母亲的榜样作用，更是深深教育了巴雷尼，他终于经受住了命运给他的严酷打击。他刻苦学习，学习成绩一直在班上名列前茅，最后，以优异的成绩考进了维也纳大学医学院。

大学毕业后，巴雷尼以全部精力，致力于耳科神经学的研究，最后，终于登上了诺贝尔医学奖的领奖台。

你自己不愿成功，谁拿你也没办法；你自己不行动，上帝也帮不了你。只有自己想成功，才有成功的可能。巴雷尼正是战胜了自我，最终取得了成功。

人生如戏，每个人都是主角，不必模仿谁，我是我，你是你。好好地活着，为自己活着，有梦想就大胆追求，失败也不要放弃。对于我们来说，真正的成功，不在于战胜别人，而在于战胜自己。

有句话说得好："不会战胜自己的人，是胆小的懦夫。"突破自我，需要勇气，需要顽强的生命活力。

女性朋友，无论你拥有的是健全的身躯还是残缺的臂膀，是优越的条件还是困窘的环境，大胆地拿出你的勇气、你的胆识，去克服困难，克服恐惧，克服失败带给你的消极情绪。

不管你是正在前行中，还是失意时，不要再彷徨，不要再犹豫，对现在的你来说，从失败中找出通向成功的途径，这才是最重要的。

女性朋友们，只要勇于战胜自己就等于打开了智慧的大门，开辟了成功的道路，铺垫了自己人生的旅途，铸成了一种面对任何烦恼和忧愁都不退却的良好心态。

战胜自己说起来容易，但是真正地做起来要比战胜别人难得多，因而战胜自己，就要有坚忍不拔的意志，要有根深蒂固的信念，要有在逆境中成长的信心，要有在风雨中磨炼的决心。

人的一生，总是在与自然环境、社会环境、家庭环境做着适应及战胜的努力，因此有人形容人生如战场，勇者胜而懦者败；人们从生到死的生命过程中，所遭遇的许多人、事、物，都是战斗的对象。人生的战场上，千军万马，在作战时能够万夫莫敌、屡战屡胜的将军也不见得能够战胜自己。

例如，拿破仑在全盛时期几乎统治半个地球，战败后被囚禁在一座小岛上，相当烦闷痛苦，他说：“我可以战胜无数的敌人，却无法战胜自己的心。”

可见，能战胜自己，才是最懂得战争的上等战将。

要战胜自己很不简单，一般人得意时忘形，失意时自暴自弃；被人家看得起时觉得自己很成功，落魄时觉得没有人比他更倒霉。唯有不被成败得失所左右、不受生死存亡等有形无形的情况所影响，纵然身不自在，却能心得自在，才算战胜自己。

亲爱的女性朋友，请你一定要记住，在生命中勇于突破自我，战胜自己，不要放弃自己的梦想和追求，要努力向前！

不要怀疑自己，你并不比别人差

女性朋友，你是不是曾经有过自我怀疑呢？在看到别人成功的时候，你怀疑自己比别人差？有这么一个说法，在一个可怕的世界里，当某个人自我怀疑的时候，他就会分化成两个个体，一个是原来的自己，另一个是自己怀疑自己所成的个体，然后，如果自我怀疑继续下去，那么这种裂变就不会停止。

怀疑是一堵封闭自己的墙，过分的自我怀疑更是会把人牢牢地困在消极的思想之中。我们不难发现，那些总是自我怀疑的人，做起事来会畏首畏尾。最常见的表现是向前走一步觉得没有太大把握，就又退回原位，面对别人的意见时更是会丧失主见，无法坚定地去完成一件事情。

女性朋友，当你身处逆境，当你觉得自己一无是处的时候，不妨停下脚步，欣赏一下周围的风景还有那些忙碌的人们，慢慢地让自己的心静下来。

人生就如同一场马拉松比赛，就算你最初的起步慢了一拍，就算你现在的位置不如别人，在以后还有很多机会去赶超对手。在生命漫长的岁月中，耐力和毅力有时候会比机遇和聪明才智更加重要。

现在，我们不妨来看一个小故事，看一个自我怀疑者的心理咨询经历：

咨询师："这份资料是你妈妈写的吗？"

学生："嗯。"

咨询师："可以说一下你为什么要弃学吗？"

学生："没什么，资料上不是都写得很清楚吗？"

咨询师："我想知道你的想法，而不是你妈妈的。"

学生："我觉得我太没用了。妈妈经常说谁家的孩子考上了哪个重点中学，而我的成绩一直都是在不上不下的水平。与其这样还不如回家做一些生意。"

咨询师："可以告诉我你想做一些什么样的生意吗？"

学生："不知道。我只想逃离这个学校，在这个学校里面我一无是处。什么也不是，几乎所有人都比我好。"

咨询师："那么，你的体育是不是比班上学习最好的要好呢？"

学生："嗯！"

咨询师："还有，你的篮球是不是比足球最好的那个打得要好？"

学生："嗯，我班上踢足球最好的那个不会打篮球。"

咨询师点头笑道："你比体育成绩最好的那个学习是不是好呢？"

学生："对，那个体育好的学习一直是倒数几名。"

咨询师："你看，你也挺厉害的嘛！"

学生："是啊，不过我老觉得自己不够好。"

咨询师："是不是你的家人给你的压力有些大呢？"

学生："是啊，他们老是拿我和别人比较。我就是想做出一番事业给他们看。"

咨询师："每个人都有每个人的优点和缺点，你拿你最坏的和别人最好的比，效果当然不理想啦！任何有成就的人都受到过很多挫折和磨难。但是他们都有一个共同点，就是从未放弃他们的理想。可以说说你的理想是什么吗？"

学生："我想考一所好的大学……"

咨询师："既然这样，那么你为什么又要出去做生意呢？只是想证明给你的爸爸妈妈看吗？你刚刚给我的感觉是，你想要逃离这个给你压力太大的环境。"

学生："我其实很喜欢学习。不过他们越是让我学，我就越不想学。而且我始终追赶不上比我学习好的那些人。"

咨询师："嗯，因为你带的包袱太多也太重了。"

学生："包袱？"

咨询师："嗯，包袱。你爸爸妈妈对你的期望，老师对你的期望，你周围的朋友互相攀比成绩，这些对你来说都是包袱，也都是负担。"

学生："但是如果我的学习成绩上不去怎么办？"

咨询师："学习成绩只不过是考核你学习效果的一种手段而已，并不是你真正价值的体现。"

学生："那么你的意思是？"

咨询师："如果你用你喜欢的学习方式去学习的话，你的学习就不是为了取悦别人，而是为了充实自己。"

随后，咨询师给学生做了一个放松诱导：

"你现在用最舒服的姿势坐在椅子上，慢慢地放松。你的脑海里慢慢地出现了一幅场景，周围的人看着你，都在对你微笑，你也用微笑回应着周围的人。当你微笑的时候，你就会变得更加的自信……"

治疗结束后，咨询师又给学生布置了一些家庭作业，让他多做一些有氧运动，多游泳，这样会让他更好地放松，也会让他更加的自信。

治疗结束之后，当从咨询室里面走出来的时候，学生高兴地牵起了母亲的手。

怀疑是一堵封闭自己的墙。过分的自我怀疑更是会把自己牢牢地困在消极的思想之中，即使是你最优秀的。

案例中的男生正是这样，他的篮球打得很棒，学习也不错，但是却经常怀疑自己不够好，特别是当父母拿成绩更好的同学与他做对比时，他的自我怀疑就更加严重了。

在我们女人成长的道路上，不是绝对不可以怀疑自己。适当的怀疑会加强自身的反省意识，发现自身的不足。不过在怀疑的同时，一定要知道自己坚信什么，我们是坚信事实呢，还是一意孤行地坚信自己的猜疑？朋友，要知道，过度怀疑自己，就会严重摧毁自己的自信心，导致自己的毁灭。

自我怀疑往往是自卑心理的起源，过于自卑无异于自我毁灭。若是长期处于自我怀疑之中，有甚者最终竟然放弃了自己宝贵的生命。由此可见，自我怀疑对于我们的危害是多么大啊！

一个女人在怀疑自己的同时，要思考一下自己坚信的是什么，如果坚信的是自己的怀疑，那其实是毫无意义的。有的人开始时怀疑自己不能成功，时间长了，就会坚信自己不能成功，一旦有了这样的心理，成功也就永远不会光顾。

要想成功，就不要怀疑，行动是最好的检验方法。在行动之前，谁也没有资格说自己行还是不行，只有试了才能知道，即使没有成功，也不要后悔，至少自己没有蹉跎岁月，同时也为最后的成功打下了坚实的基础。

我们每个女人都是独一无二地存在于这个世界上，都可以用自己的方式为社会做出应有的贡献。所以我们要学会冲破自卑的束缚，尊重自己，善待自己，相信自己，切不可过度怀疑自己。

想必大家都有这样的感触，在梦中我们总是不可思议地具有极其强大的能力，几乎什么事情都能够做成。

比如，同时出现在两个地方，随意转换场景和环境，穿墙而过，变成富翁和名人，克服大障碍，创造巨大的财富等。而且在整个过程中，我们似乎从来没有怀疑过自己的能力。在梦中，我们从不怀疑自己，所以所有的事情都是可能的。

可是在现实中，我们女性中的很多人处于清醒的状态时，却总是浪费许多的时间和精力去怀疑自己的能力。这其实是我们的一大损失。

当你心里不以为然或怀疑时，你就会想出各种理由来支持你的"不信"，告诉自己"我为什么不能""我为什么会失败"。

怀疑、不信、潜意识认为要失败的倾向，都是失败的主要原因。所以要想成功，就必须将怀疑从生命中放逐出去，学会相信自己，创造内在的正确认知。把怀疑从你的心中统统放逐，你就会发现自身所具备的许多潜质，一切也都会变得顺利。

我们来看看下面这个年轻人是怎样做的：

　　我一度沉浸在别人的意见之中，甚至在晚上睡觉的时候我都会把每个人的意见从头到尾分析一遍。经过不断思考后我发现，在所有意见当中，唯独没有我自己的意见。

　　我这才恍然大悟，自己竟成了别人思维的复制者，完全丧失了自己的主见。意识到自己正在犯一个非常愚蠢的错误后，我开始重新整理思维。

　　我将每个人的意见一一列在纸上，然后根据自己的实际情况逐个分析，吸收好的，排除坏的，最后整理出了几点自己的确存在的问题，再加以改进，结果我不但完善了自己的不足之处，自我怀疑的心理也消除了。

是的，要想消除自我怀疑，就必须要有自己的主见，要相信自己是绝对有能力完成某件事情的。不能听风就是雨，听了别人的意见后不进行仔细思考就拿来采用。要结合自己的实际情况，认真分析后再吸取其他人意见的精髓进行自我完善。

大多数人陷入自我否定的陷阱都与上面那个年轻人的经历相同，也就是说，如果我们能在征求他人意见的同时保持自己的主见，认真分析所遇到的问题后再采取行动，就能有效地避免这类事情的发生。

第二章
谁的人生路上少得了磕碰

　　谁的人生道路上也少不了磕碰。青春期的女孩初入社会，善良、懦弱、单纯，不知道社会的险恶，免不了要付出一定代价后才能变得成熟、坚强。这是人生之路上必不可少的一课，也是不可多得的一种人生历练。

　　只有经历过严寒的腊梅，才能傲雪绽放；只有经过社会的锤炼才能成为栋梁之材。

你的退让，成全你了吗

　　有个女孩每天都在房前的空地上练习唱歌。一位邻居听了，冷笑着说："你即使练破了嗓子，也不会有人为你喝彩，因为你的声音实在是太难听了。"

　　这个女孩听了，再也不敢在外面练习，只敢藏在屋内里小声练习。恰巧那个邻居住她隔壁，有一天早晨练习时又被她看见，那个女人又说道："还让不让人休息了，吵死了……"

　　练习唱歌的女孩从此不在家里练习，她每天早起跑步到公园练习，她以为这样总能避开邻居的嘲笑了，谁知道没几天，邻居不知怎么听谁说她在外面练习唱歌的事，又当她面嘀咕道："总有人自不量力，想当明星……"

　　女孩这次忍无可忍地说："我知道，你所说的这番话，其他人也对我说过多次，但我不在乎，我是为自己而活着，不需要活在别人的认可里。我只知道在唱歌时我很快乐，所以无论你们怎么指责我的声音难听，都不会动摇我唱下去的决心。"

的确，你不需要永远活在别人的认可里，快快乐乐地为自己活，潇潇洒洒地"自恋"，哪怕别人把自己当成"精神病患者"，我们也要做一个快乐的"美人症患者"。

你的退让，绝对不会成全你。

如果你追求的快乐要处处看他人的脸色，那么你的一生只能悲哀地活在他人的阴影里。事实上，人活在这个世上，并不是为了他人而活，一个人所追求的应当是自我价值的实现以及对自我的珍惜。她是否实现自我并不在于他比别人优秀多少，而在于他在精神上能否得到幸福的满足。

然而，在现实生活中，有些女孩却常常为同学一句无意的嘲笑，或在工作中同事一次无心的抱怨而闷闷不乐，甚至开始彻底地怀疑自己、否定自己。其实，这样的心态是不对的。虽然我们有必要听取别人对自己的评价，但也不能过分在乎，否则，烦恼的是你自己，痛苦的也必定是你自己。

有位明星在一次访问时说："以前我很辛苦，因为我太在乎别人的感觉，太在乎其他人怎么看我，所以，我很多时间都要去想别人怎么看，我都想做得面面俱到，把自己弄得很辛苦。现在，我开始跟着感觉走，也能比较清楚地表达我的看法就是这样。我只是想活得轻松一些，不要那么辛苦。"

的确，一个人一生为别人的评论而活着是很累的，也很愚蠢。艾莉诺·罗斯福说："未经你的同意，没有人能使你感觉卑微。"古希腊谚语也说："除了自己，没有人能够侮辱我们。"

年轻的女孩，我们每个人都不可能孤立地生活在这个世界上，很多的知识和信息来自别人的教育和环境的影响，但你怎样接受、理解和加工、组合，是属于你个人的事情，这一切都要你自己去看待、去选择。

　　谁是最高仲裁者？不是别人，正是你自己！歌德说："每个人都应该坚持走为自己开辟的道路，不被流言所吓倒，不受他人的观点所牵制。"让人人都对自己满意，这是不切实际、应当放弃的期望。

　　我们周围的世界是错综复杂的，我们所面对的人和事总是多方面、多角度、多层次的。我们每个人都生活在自己所感知的经验现实中，别人对你的看法大多有一定的原因和道理，但不可能完全反映你的本来面目和完整形象。

　　别人对你的态度或许是多棱镜，甚至有可能是让你扭曲变形的哈哈镜，你怎么让人人都满意呢？

　　初入世的女孩，如果你期望人人都对你感到满意，你必然会要求自己面面俱到。不论你怎么认真努力去尽量适应他人，能做到完美无缺，让人人都满意吗？显然不可能！

　　这种不切合实际的期望，只会让你背上沉重的包袱，让你因此顾虑重重，活得太累。只有懂得享受自己的生活，不受别人的消极影响，不管别人如何评论你，只要你自己觉得高兴、满足、自得其乐，你的生活就是幸福的。

你的善良终会害了自己

　　有个女孩长得很甜，性格温柔，只可惜名声不太好，所谓名声不太好，是因为很多人都说她很"随便"。刚开始，人们觉得非常奇怪，她不但心地善良，行为上也中规中矩，怎么会"随便"呢?熟悉她的人才了解她的性关系之所以会那么混乱,就是因为她太善良了。也许应该说,有些男人太坏了。

因为她长得秀色可餐,身边总有不少的男士对她大献殷勤。其中有些是真心要和她交往,可是,难免也有那种心怀不轨、想要乘机占点便宜的坏分子。

然而,越是居心不良的男人,嘴越是特别甜,神态一定装得很诚恳,这种男人的耐心和温柔更是特别讨人喜欢,尤其当他要突破对方的心理防线获取利益时,免不了就会利用对方的心理弱点。

在紧要关头,女孩的善良就变成了致命的弱点。要是对方百般要求,说尽了天下所有的甜言蜜语,就会把她弄得不知所措。她认为人家对她那么好,要是拒绝,不是让人很难堪吗?万一对方再来一个以死相逼,她就更不知如何拒绝了。

前面说的那位女孩就曾碰到一个家伙,说如果得不到她的同意,他就要自杀了。结果,事后此人对她非但没有心存感激,反而在外面说她"果然很好骗"。

这是不是很不值得?

"性"常常是"不好意思"的话题,但是当你面对性的选择时,可千万不要因为"不好意思"而轻易点头,要不然后果可能真的会让你很"不好意思"呢!

一些被众多异性所追求的女孩子,很容易在择偶问题上出现"心灵失明"现象。她们很难招架居心叵测追求者的投其所好,或在多个

追求者的围攻中因虚荣心而丧失理智，在她们掉入对方精心设下的陷
阱后，才发现一切都晚了。

虚荣心是漂亮女性又一个致命弱点。她们总是会在众多追求者中
优先选择那些最肯为她们花钱、慷慨、善于恭维她们的男人。

虽然对方并不是她们理想的配偶，但虚荣心却容易让她们被对方
的死缠烂打或小恩小惠所迷惑：一束玫瑰花、烛光晚宴、投其所好的
馈赠、天天到单位接送、甜言蜜语和对未来前景的无限吹嘘，就这么
一些简单形式的追求方式，却不知道让多少矜持而骄傲的漂亮女孩子
们在涉及一生幸福的婚姻大事上迷失了方向。

从一开始的憎恶、反感到半推半就地接受，而当她们终于有一天
意识到她们不该把自己托付给对方时，她们却无力脱身了。

因为她们要么已经和对方有了性关系而被对方所要挟，要么因为
拿人家手短、吃人家嘴短，无法从经济上偿还对方在恋爱期间为她的
开销。于是只能拿自己的身体作为还债的筹码，通过婚姻来继续把自
己免费"抵押"给对方。

为什么有相当多非理性型漂亮女孩子往往都有着不幸的婚姻，究其
原因是她们那病态的虚荣心害了她们：当众多异性追求她们时，她们反
而会像消费者那样，在众多同类商品面前因眼花缭乱而拿不定主意。

坚强不过是你脆弱的表象

职业女性承受着工作和家庭两方面的压力，大多数的女士采取的
一种方法就是回避性的苦干。即抛开这两方面的压力，让工作成为自

己生活的全部，而不再去思考其他的问题。

女人表面上看来似乎都很坚强，实际上只不过是没有机会表现自己的脆弱。因为她们害怕这一弱点会影响自己的前程，尤其是职业妇女，在具备女性优点的同时，还得具有男性的坚强和忍耐。

当然，这里的坚强并不是一种毫无人性的冷漠，不是听到任何事都无动于衷，不是对任何人都冷若冰霜，哪怕是自己的家人。

而很多的女人都错误地理解了坚强的含义，把它和冷漠连在了一起。实际上，这种人是最容易被击倒的。因为她缺少生活的支点，所以有时也被看成"不是女人"。

在这方面，曾担任过美国女性心理与形象咨询中心形象策划部副主管的世界名模辛迪·克劳馥有切身体会。

她颇有感触地说：

"那时，由于我工作干得比较出色，被提升为副主管。当时我就想，作为一名高级职员，应如何较好地表现自己？怎样与上下级相处？

"接着，我做了个现在看来是极为愚蠢的决定，它使我把自己封闭了起来，无论在什么场合我总是表现出一种属于主管的指使气势，我独来独往，我认为只有这样我才算得上是个坚强的人，大家才会钦佩我，可是我错了。

"渐渐地，我发现下级职员都越来越畏惧我，平时除了工作之外从不与我谈其他的事，而我的同僚们也似乎有意无意地与我保持了一定的距离。我很高兴，觉得自己已成为一个坚强的人。

　　"一次偶然的机会，我听到他们在背后说我是冷面女人，有人甚至还打赌说我经不起意外的打击。

　　"我简直气得要命，可一想，这不正是一个考验我是否坚强的机会吗？我装作一副若无其事的样子，还是照常地工作和相处。

　　"渐渐地我把这事给淡忘了。直到有一天，那件事的发生迫使我认真地反省这个问题。

　　"那是三年前的一个下午，天气阴沉沉的，有紧急消息传来说我们在瑞士的那个形象策划分部出了一些大纰漏，董事会知道了非常生气。而那个负责人正是我极力推荐的，听说已经在讨论关于我的处罚问题了。

　　"世界末日似乎已经来临，我浑身瘫软，欲哭无泪，想想自己几年的心血就此付诸流水，我简直无法忍受，我要发疯了。

　　"整天我都呆呆地坐在办公室的椅子上，什么人都不见，任何电话都不听，我心乱如麻。却又不知道该怎么办好。我多么希望有个依靠的支柱啊，有个人能陪我聊聊，帮我分忧，我觉得自己真是软弱极了。

　　"等我回到家，看到镜子中的我蓬头散发，双眼红肿，简直不相信这就是那个以前看上去总是那么神采奕奕的我了。我耳旁一直有个声音在说：'你的前途一片黑暗……'

　　"危机度过了，我却总是在想：我真是很坚强吗？事实上我是那么的软弱，想想自己那天的形象，简直是惨不忍睹。我体悟到了某些东西，我发生了某些改变，现在我已能沉着地应付一切突如其来的问题。"

辛迪·克劳馥的亲身经历有力地说明了坚强究竟是怎样一回事。从中也可以看出坚强与风度究竟有何种关系。

聪明的女人一定要认识到，真正的坚强应该带有一种浓厚的职业色彩，该哭的时候就哭，该笑的时候就笑。

在工作时间听到一切不幸的事件或不利于自身的消息，都要不露声色，要充分显示出自身的心理承受能力；而回到家里或在休闲场合，就应放纵自己，展现一个真实的自我。正是这种适当的情感控制和发泄使得一个女人的承受能力愈发坚强。

勇敢接纳并不完美的自己

也许你没有沉鱼落雁的美貌，也许你没有聪颖睿智的头脑，也许你没有魔鬼般的身姿……总之，你的身上可能没有任何值得炫耀的地方，但是，别忘了，你就是你，你是独一无二的，你是上天的创造。

《世说新语》里有这样一则小故事，桓公少时与殷侯齐名，有一天，桓公问殷侯："你哪一点比得上我？"殷侯思考了一下，很委婉地回答道："我与我周旋久，宁作我。"

是的，何必羡慕别人？我有自己的性格与生命经历，不论遭遇是好是坏，一切喜怒哀乐都是我在承受与体验。我的生命是独一无二的，怎么可以拿来与别人交换？！

不要羡慕别人的美貌，不要希冀别人的头脑，不要模仿别人的身材，爱自己的出发点，就是勇敢地接纳并不完美的自己。眼睛小吗？没关系，眼小能聚光；身材矮吗？浓缩的都是精华……无论是哪里多一寸，或是少一寸，你都是上天的杰作，你没有理由轻视自己，你也是夜空中一颗耀眼的星星。

真正的生命强者是在与命运的激烈碰撞中，绽放出光芒并实现自我人生价值的人。在这多彩多姿的世界上，要好好地生活，活给自己看，也活给爱自己的人看，更要活给那些瞧不起自己的人看。尽管免不了会经历这样或那样的挫折，可那也是上苍给予你的礼物，让你在成长中学会坚强。

困难并不是全部的人生，当不幸来临时要勇于面对现实，正确分析自我，以更好的人生态度来面对生活，善待人生的每一刻。正如快乐不能使时间延长，悲伤也不能使时间缩短。

为自己扬起微笑，不要夸大自己的悲伤，不要低估生命的力量，学会相信生活和时间会冲淡一切苦痛，生活也一定会创造更多的快乐。让生活多一点儿光彩，多一点儿人生感悟！

女人总是想小鸟依人地生活在一个男人的身边，但是却变成了菟丝花紧紧地依附在男人这棵"树"上，一旦失去了"树"，就再也不能独立生长。

其实在寻找一棵大树之前，应该把自己先培养成一棵树，双木才可成"林"，一人一木是"休"，不是被自己"休"，就是被男人"休"。看看连理枝就会知道只有成"林"才会枝叶相交、根须相连，才能四季常青，笑看花开花落、云卷云舒。

苦中作乐的女人永不倒

在美国有位名为波基尔·连尔的女教授, 她的自传体小说《我想看》轰动一时, 成为畅销名著。可有谁知道, 她在长达 50 年的时间里如同盲人一样生活着。就是这样重度残疾的人, 因为不断为自己的生命银行增加快乐存款, 从而赢得了生命的辉煌。

连尔出生在明尼苏达州一个叫捷因巴雷的乡村, 孩童时一双眼睛意外受了重伤, 她只有从左眼角的小缝才能看到东西, 即使要看书, 也必须把书拿近, 并紧缩眼睛的肌肉, 使眼球尽量靠近左边。

上学读书时, 她只能把书尽量靠近自己的眼睛, 睫毛常常碰到书本。即便这样, 她仍然觉得, 所有的一切都比不上学习知识更能为她的生活带来最大的快乐。她的成绩名列前茅, 这使她和父母都很自豪。看到别的小伙伴美慕她成绩单的表情, 她心中充满了靠自己努力取得进步的快乐。

连尔从不封闭自己, 总是快乐地和小伙伴一起玩游戏。她喜欢和附近的孩子玩跳房子, 却看不见记号, 但她会一直努力到把自己玩的每一个角落都真切地记清为止。这样, 即使在赛跑, 她也没有输过。小伙伴们也从来没嫌弃过她。

正是凭着这股韧劲, 后来她获得了明尼苏达大学的文学学士及哥伦比亚大学的文学硕士两个学位。参加工作后又成为奥加斯达卡雷基大学的新闻学和文学教授。

一位几乎失明的女性，能取得如此的荣耀足以骄傲了，但她不满足这些，除了教书外，她还在妇女俱乐部讲授各种书籍及作者的生平，并客串电台的谈话节目。更为重要的是，她的小说《我想看》激励了许多人，使他们也能勇敢地向命运抗争。

"在我心里不断地潜伏着是否会变成全盲的恐惧。但我始终以一种苦中作乐的勇气来面对生活，因为，我已经是个不幸的女人了，我不能给自己再增加不幸。"在谈到她的成功时，连尔这样写道。

终于，在她52岁时，经过现代医学的诊疗，她获得了40倍于以前的视力，人生在她面前展开了一个更为绚丽的世界。连尔像一个在荆棘丛中采摘鲜花的女孩一样，时刻把采摘生活的快乐放在自己生命的花篮里。尽管她已经被命运的荆棘"碰伤"，但是，她却从没有陷入荆棘，而是用微弱的视力，享受着生命中的阳光。她就像凛冽风中的一朵奇葩，依旧张扬着美丽。

有一个女孩，叫陆路。陆路家里贫困，很早就退学嫁人了，可是对方家里也不富裕。很多人都猜想，早早嫁人的她一定是个愁肠百结的女人了。可事实并非人们想象的那样，她对于现在的生活很满足，有一个爱她的丈夫，有一个可爱的儿子。

日子一天天消逝，后来她的丈夫在一场大病中离她而去，再后来儿子因开车肇事进了监狱。大家又猜想她这回一定很痛苦了。可是，她并没有被生活的愁苦压倒。

虽然她的容颜苍老了许多，额头过早地爬上了一条条皱纹，但她办起了一个托儿所。她一会儿抱抱这个，一会儿拍拍那个，屋里充满了孩子幸福的欢笑。

陆路人生的苦难比很多人都多，但是，她依然在苦难中展现着难得的笑容。是的，如果别人能将你的财产，你的丈夫……你身边的一切都拿走，这还不足以证明你是个弱者。如果谁也拿不走你的快乐、你的自信、你内心的宁静，那么，你就已经强大到不可征服了。

每个女人的一生都会遇到诸多不顺心的事，有的女人在遇到困境时，看不到前途的光明，抱怨天地的不公，甚至"破罐子破摔"，在精神上倒下；而有的女人在遇到困境时，能够泰然处之，认定活着就是一种幸福，痛苦之后，她们依然能从容安定，积极寻找生活的快乐，不浪费生命的一分一秒，于灰暗之中向往光明，在精神上永远不倒。

面对当今复杂纷扰的社会，在背负巨大心理压力的同时，女人经常会碰到各种各样的困难和挫折，如失业下岗、家庭变故、婚姻失败、学业不精、经济问题等诸多困难。当这一切突如其来而无法解决时，一切都取决于我们是否在苦难中笑一笑，是否能超越苦难，迎接生命的春天。

知识、智慧与美丽同行

有人说，女人的智慧和容貌成反比，常常是那些普普通通，无多少姿色的女人不是知识渊博，就是文采斐然，让人惊叹。其实让人惊叹的不是她们的知识，而是她们更加善于学习知识、利用知识。

英国作家毛姆曾经说过："世界上没有丑女人，只有一些不懂得如何使自己看来美丽的女人。"

现代女性早已经学会在繁忙和优雅中积极地生活，懂得如何读书学习，也懂得开发自身的潜能，从而使自己的女性魅力光芒四射。年轻的女性应该怎样使自己看起来更美丽呢？

首先是硬件不足软件补。作为一个女人，只有漂亮的脸蛋是远远不够的，女人必须学习，不断地在精神上有所进取。

我们细细观察就会发现，凡是相貌平平或容貌较差的女性，往往更明白自身的缺陷，她们也就更懂得去发掘自己的个性美，更注重内在气质的培养和修炼。

芳芳曾在一家国有企业任职，她们办公室有两女三男，与她同样的另一个女孩长得很漂亮，她也因此占尽了便宜。但要论能力，论业务，她样样不如芳芳。可一遇到涨工资、晋升职称、疗养的机会，却样样都是她的。

面对这些不公平，芳芳没有说什么，只是暗暗地读书学习，报名参加了英语班、计算机班和舍宾训练，给自己"配置"和"升级"了许多优秀的软件，因为芳芳很清楚自己的硬件不足，只有靠软件来补了。

两年后，芳芳辞职来到一家合资企业，在那里芳芳从一名职员开始做起，一直做到总经理助理。在一次谈判结束后，对方的老总邀请芳芳共进午餐。

后来，他成了芳芳的先生，他说那天芳芳在谈判中沉着冷静、不卑不亢的态度和优雅的举止、不凡的谈吐，深深地吸引了他。当时，他觉得芳芳是最美的女人。

现在，芳芳已经做了自己的老板，有了一个可爱的孩子，先生说她在家庭中是贤妻良母的楷模，在事业上是个优秀的管理者。

其次是追求更高品质的生活。女人应该懂得把握自己，无论在什么位置上，都要认认真真地尽自己的全力，把所扮演的每一个角色演绎得淋漓尽致，尽善尽美，以追求更高品质的生活。

大学毕业后，丽达被分配在事业单位工作。因为长得漂亮，经常受到别人的关照，但丽达的性格好强，总想凭自己的真才实学干出点事来。于是，丽达又自学了计算机，并应聘到一家网络公司任职。

在那里，丽达感受到了前所未有的压力。为了减轻压力，她选择了学习。每天下班后，丽达便匆匆地吃口饭，或泡个方便面，就直奔各个学校参加学习班。

周二、周五、周日学计算机，周一、周三、周六学高级英语口语。只用了三年的时间，丽达就拿到了硕士学位和计算机二级学历。丽达把学习的知识与工作有机地结合了起来，由于工作业绩突出，她被提拔为部门经理。

那天，几个朋友聚会，她们问丽达怎么变成了学习狂、工作狂？

"其实，我不这样认为，我拼命学习是为了充实自己，拼命工作是为了过高质量的生活。更何况，我不想背个'花瓶'的名分。当然，最重要的是我在学习和工作中学会了整套想问题的方法，它会帮你在思考问题时得出正确的结论"丽达如是说。

后来，丽达带着这些方法跳槽到一家公司任副总经理。

生活是需要平衡的，并不是只有工作，还有其他很多东西。为了澄清自己不是个女强人，丽达会在休息日，把全家人的衣服洗干净，打扫好卫生，给丈夫做一顿可口的饭菜。要么，他们就一起去旅游，去郊外野餐，去体验一下恋爱的感觉。

女人也不能放弃对知识的追求。时代在前进，知识也在不断更新。如果女人沉浸在家庭的小窝里自得其乐，就有可能跟不上时代的步伐，被逐渐淘汰。

同赵坤结婚后，张菲凡与赵坤共同开了一家小公司，渐渐地生意越做越大，利润越来越高，他们的公司也扩展为三个公司。这时，张菲凡怀孕了，生完孩子，张菲凡心安理得地做起了全职太太。

张菲凡过起了养尊处优的日子，不读书，不看报，不学习。慢慢地张菲凡变得不拘小节，身体也开始发胖了。

丈夫曾几次说过她："看你还像什么样子，哪像原来的那个精干优雅的凡凡。"

　　她反唇相讥："怎么，我帮你打下天下，就看不上我了?我警告你可别干出喜新厌旧的事情。"

　　从此以后，丈夫回家的时间越来越晚，在家的日子也越来越少。一次，他醉醺醺地回来后倒床便睡，梦呓中他喊着小芸的名字。这时，张菲凡才意识到问题的严重性。张菲凡非常气愤地把丈夫捶醒，质问他小芸是谁?

　　丈夫开始时，还心存愧疚地支吾着，后在张菲凡的河东狮吼下，丈夫终于发怒了："你看看你哪里还像个知识女性的样子，简直是个泼妇，我为什么喊小芸，等你看到她就知道为什么了。"

　　自我反思之后，张菲凡决定复出。回到公司后，张菲凡发现自己什么也不会，什么也不懂。难过了好久，她想还是应该去充电，张菲凡报了一个电脑班，一个财会班。

　　刚开始学习时，觉得可真费劲，适应了一段时间，张菲凡进入了学习的状态。接着，她又报了一个美容班和体能训练班，张菲凡的时间安排得满满的。

　　渐渐的，张菲凡学会了穿合适的衣服，选择适宜的妆容和发型，注重仪态风情，展露睿智的内秀。张菲凡在公司里又可以像原来那样得心应手了。

　　她发现丈夫也开始按时回家了，并经常拥抱自己一下，丈夫的眼神同原来也不一样了，充满了柔情，就像恋爱时的那种。

女人真的不能放弃读书。放弃了学习，也就等于放弃了自己。

　　知识就是力量。以上三位女性朋友的经历，又一次证明了这个道理。如果年轻的女性想为将来做好准备，就必须学习，必须读书。

　　用文化造就自己，用文化装扮自己，会比眼花缭乱的服饰和化妆更有深刻的美丽内涵。

　　"智慧值多少钱"？回答是：智慧的价值很难用金钱衡量，智慧就是力量，就是资源，就是财富。智慧是无价之宝，同时智慧也是有价之宝。女人要想成大事，就必须有自己的智慧，然而没有知识何谈智慧呢？

　　智慧的价值就在于它本身就是财富，而且现在的财富主要是智慧创造的，智慧的价值是巨大的。智慧是一种尺度，是"更新、更奇、更美妙"时代必需的尺度。

　　创新是智慧价值的核心，创新越多，智慧价值也就越高。毫无疑问，整个社会生活和市场经济都要受智慧价值支配。

　　劳动创造价值，这是马克思经济学最基本的观点。劳动是最真的知识和最原始的学习。然而，在人类进入智慧创富时代，马克思的劳动价值论有待进一步地丰富与发展。

　　在工业经济社会，人具有"多消费物资是好事"这样一个美学观念。创造战后石油文明以及工业社会本身的正是这种美学观念。毫无疑问，它将在今后的世界中继续发挥作用。

　　人类的历史已经证明，无论任何时代、任何地区，这种美学观念始终发挥作用。因此，当我们考察知识社会时，如能指出今后什么东西会丰富起来，那么我们将从中获益不浅。

　　女性必须弄清楚今后将会丰富起来的是什么，毫无疑问，这就是广义上的"智慧"和知识。"智慧"是经过积累已往的知识和经验丰富起来的，也是通过教育和信息交流系统的发展而普及的。

"智慧"又是经过人的直觉和思维创造出来的。目前，由于电子计算机和通信系统的飞速发展，迅速增加了储存、加工并交流"智慧"的工具和手段。

尤其是近 10 年来微型电子计算机和办公用电子计算机以及连接它们的通信手段的普及与发展，给我们的工作和生活带来了丰富的"智慧"。

就是说，今后的时代是"智慧"和知识丰富的时代。因此，在今后的社会里，在生活中多用"智慧"和知识才是受人尊敬的，而且只有包含"智慧"和知识的商品才会畅销。

未来的社会是"知识与智慧的价值大大提高的社会"即"知识价值社会"，其原因就在于此。知识是这个世界的大潮流，女性要想成功就必须顺这个潮流而动。

当然，出现完整的知识社会，需要很长的时间。其发展进程也时而快，时而慢，有时甚至也会出现"逆流"。

但是，作为一种大的社会发展潮流来说，从工业社会全面地转入"知识社会"则是历史的必然。

我们把工业社会的开端称之为产业革命。但是，并不是发生产业革命的同时，工业产值就超过农业产值，工人人数就超过农民人数。产业革命只意味着工业成为经济增长和资本积累的主要源泉，是人类社会向工业社会迈出的第一步。

从 20 世纪 90 年代就开始了"智慧价值革命"。"智慧价值革命"的开始并不意味着知识与智慧的价值产量超过工业本身的产量，从事创造"知识与智慧的价值"的人数超过从事工业生产的人数，也不意味着创造"知识与智慧的价值"的生产形态成为社会的主要生产形态。

　　我们所说的"智慧价值革命"一开始是指经过这 90 年代的变化，创造"知识与智慧的价值"将成为经济发展和企业利润的主要源泉，因而，工业社会开始走向"知识价值社会"。

人与人之间要平等相待

　　很多事情都是相互的。比如你对别人好，他也会对你好。你打别人一下，即使对方不还手，但力的作用总是相互的。俗话说："与人方便，与己方便""己所不欲，勿施于人"，爱人就等于爱己。只有关心、爱护身边的每一个人，你才能不被生活抛弃。

　　很早以前，有个凶汉，他很自私，在有生之年从没有做过什么善事。他死后，魔鬼将他抓走投入了火海中。天使于心不忍，绞尽脑汁想将老婆婆救出火海。

　　于是，天使向魔鬼求情。

　　魔鬼说："那你就拿根小绳把他从火海中拉出来吧，如果小绳没断他就可以进天堂，反之他只能留在那里。"

　　天使把小绳伸向凶汉，就在他快被拉上来时，火海中的其他人都朝他拥来，并抱住凶汉希望被一起拉出火海。

　　凶汉边用脚踢开这些人，边喊："走开，混蛋们。这是我一个人的小绳，不是你们的。"

　　由于凶汉太自私，天使将小绳给予了别人，而凶汉则永远留在了火海中。

所以，年轻的女性应该明白，良好的人际关系会为你创造一个成功氛围，与人相处要注意以下几点：

一是寻找相近的乐趣，增加亲密度。

闲暇时，有些女性喜欢与好友一起出去分享快乐，郊游、蹦迪、泡吧等等，内容丰富多彩。你不妨多找些与她们相近的爱好和乐趣，邀她们一起行动，共同分享，并借此增加彼此间的了解与亲密，这不仅让你获得更多的快乐和放松，缓解内心的压力，更有助于培养一个和谐的人际关系，从而在生活上"配置"得更好。

二是交友有度，不要过问隐私。

不可轻易侵入对方的"私人领地"，除非对方自己主动向你说起。过分关心别人隐私是无聊、没有修养的低素质行为。

三是不要把个人好恶带入职场

你有自己的好恶，但要记住切勿将此带入职场，因为你的那些同事可能都很有个性，有自己独特的眼光，每个同事都与你一样有着自己的喜好，也许他们的衣着打扮或是言谈举止不是你所喜欢的，甚至为你所讨厌，你可以保持沉默，可不要去妄加评论，更不能以此为界，划分同类和异己，你最好能多点"兼容"。

四是同事间不可玩弄阴谋。

你不要抱着同事是"冤家""敌人"的成见，否则你难以立足，更难发展了。你与同事的共处原则是彼此尊重、配合，然后尽管施展你的才华，在透明竞争中求发展。

五是不要拒绝做她们的生活伙伴。

在今天的职场，同事间应当是最好的生活伙伴，互相帮忙和照应是最方便不过的。

比如一起租套好住宅，一起打车上下班，既方便也实惠。所以当同事有意接纳你做她们的生活伙伴，请你与她一起居住或是搭伙时，你不要抱着不相往来的心理，而要高兴地接受，因为这在经济上是互惠互利，在工作上则提供了方便，也促进了人际关系的融洽。

六是经济往来，AA 制是最佳选择

对于职业女性来说，都有非常可观的收入，加上乐于享受生活，所以会经常聚会游玩，还会产生各种新型的生活组合，经济上的来往较多，最好的处理方法就是采用 AA 制。

这样大家心里都没有负担，经济上也都承受得起，除非你有特别的原因向大家讲明白，不然千万不可"小气"了，把自己的钱包捂得紧紧的，她们会看轻了你。当然如果是碰上同事有了高兴的事主动提出做东，你就给对方一个面子吧，不过最好多说些祝贺的话。

"授人玫瑰，手留余香。"真诚、平等地与人相处，你就会觉得更轻松更有乐趣，他们对你的事业和生活会有更多的益处，你完全可以怀着快乐的心情走进他们的中间，成为其中的一员。

请你理解独立的真正含义

"过犹不及"。保持个性并不是要消灭本性，做一个孤单特立、不近人情、完全脱离男性的女性，这种在任何方面都要特别强调自己个性、独立的女人，是不会让人喜欢靠近和获得幸福的。

现代女性在各行各业显示的实力已足以证明其"半边天"的地位，

但这并不意味着让每一个女人都去和男人在事业上一争高下。

　　深圳有家很出名的"RR时装公司"，老板是个事业上非常成功的女人，她不仅开着最新款的奔驰，还有很多社会头衔。令人不解的是，她幸福和安全感却很差，差到想自杀。

　　其实，仔细想来，我们就能洞悉其中的原因，从20岁开始，她一直在拼命追求女人的独立。

　　表面看她也独立了，但正是这种独立剥夺了她作为女人的特性——她已不像女人。

　　有些慕名求见的男人，在去见她的路上还迷情幻想，但出门时就像见了女张飞，只说她义气。她按竞争社会的需求改造自己，结果令性别模糊，男人将她视为兄弟，女人称她大姐。

　　社会上有不少这样女性拼搏者，都为追求独立而迷失了自己的性别。这令她们十分痛苦，当忍受不了这种痛苦时，就想自杀。

女人独立的目的不是消灭自己的本性。当今社会已向女人提供了很多经济独立的机会，由于观念误差，不少女人对男人成功不服气。她们不懂男人的社会是竞争形成的，女人如果一定要到男人世界里去参与，就必须得付出比男人更多、更痛苦、更委屈、更压抑的代价。

　　对女人来说，精神独立更为重要，女人精神独立是对自己的确认。当女人精神世界被别人支配时，她的生活就十分悲哀。

　　女人可以在自己的精神世界里建立起一个美好的王国，当她自豪地感觉到自己是这个王国的女皇时，就会在现实生活中找到自信。女人精神独立还体现在她思想是受自己支配，而不是为别人盲目修改自己的行为。

有位女性爱上了一个她感觉极好的男人，由于感觉太好，她想让其他女友分享她的感觉。于是她去征求她们意见，女友们认为，这么好的男人一定会有很多女人追，将来很难说他能挡得住诱惑。

分析的结论是这种男人没有安全感，不值得交往。于是她和这男人分手，但又陷入了长期的痛苦中。后来听说她认识的另一个女孩与前男友结婚了，只差没气死。

女人精神的动摇是一种不独立的表现。有很多女人都像得了"预支恐惧症"，一接触男人就想将来可不可靠。越想越不对，明明现在有很好的感觉，一下就恐惧了。

其实生命的意义就在此时此刻的分分秒秒。如果你对一个人的感觉好，就应该跟他去共同营造更好的感觉。哪一天不好了，再与他分手也不迟。

在21世纪的今天，年轻的女性只有把握好个性的尺度，明白自己内心真正的需求，懂得如何在保持个性的同时不失本性，才能在当下，在以后活得清醒、滋润与丰富。

收入多并不代表你有钱

很多年轻的女人都想着要有一个属于自己的小金库，里面有让父母吃一惊的财富。可是为什么工作已这么多年小金库里还是存不下钱。

想想每个月的收入也不少，那些收入都跑哪去了。

其实，很多女孩只会挣钱，不会花钱。她们认为只要挣得多就行，挣得多了肯定能存下钱。她们却不知决定财富的不是收入，而是支出。支出就像流出去的水，一旦流出去，就像没有来过一样，所以，挣多少钱不是衡量财富的标准。

晓桐和张枫是同一届毕业的学友，晓桐在一家房地产公司上班，月薪8000。张枫只是一个出版社的普通的编辑，月薪3500。但是一年下来，她们同学聚会，一谈却让她们大吃一惊。

晓桐虽然月薪8000，但一年下来才了一万。而张枫虽然月薪没有晓桐多，但是她却存了差不多三万块钱。原来晓桐虽然挣得多，每个月打车，美容，去商场买衣服，买高档化妆品……花费差不多有6000。

而张枫除了基本的生活费用，没有多余的花费，一个月也只消费五六百元。所以一年下来，月薪8000的晓桐竟没有月薪3500的张枫有钱。

所以，收入多并不能代表你就有钱，关键是要会花钱，把钱都用到刀刃上。把剩余的钱攒起来，存在小金库里的钱才是你的财富。无论哪一个亿万富翁，在他事业开始时的原始资金，都是通过"攒"聚集起来的。

"不积小流无以成江海"，每天10元的打车钱看起来不多，一个月下来就有300元，足够你一个月的伙食开支。

　　众所周知，泰森是全世界著名的拳王，20岁时就获得了世界重量级冠军。在他二十多年的拳击生涯中，总共挣了4亿多美元。

　　但是他生活极为奢侈、挥金如土：泰森有过6座豪宅，其中一座豪宅有108个房间、38个卫生间，还有一个影院和豪华的夜总会；他曾买过110辆名贵的汽车，其中三分之一都送给了朋友；

　　他养白老虎当宠物，最多的时候养了五只老虎，其中有两只价值七万美元的孟加拉白老虎，后来因为法律不允许才作罢，付给驯兽师的钱就有12万美元；

　　他曾经在拉斯维加斯最豪华的酒店包下了带游泳池的套房，一个晚上房租就达15000美元，在这样的套房里点一杯鸡尾酒就要1000美元，而泰森每次放在服务生托盘中的小费都不会少于2000美元；

　　在恺撒宫赌场饭店，泰森甚至带着一大群他叫不出名字的朋友走进商场，一小时就刷卡50万美元，自己却什么都没有买；就在他申请破产之前，他还在拉斯维加斯一家珠宝店中买了一条镶有钻石的价值17万美元的金项链。

　　由于挥霍无度，到了2004年12月底，泰森的资产只剩下了1740万美元，但是债务却高达2800万美元。2005年8月，他向纽约的破产法庭申请破产保护。

　　所以，年轻的女人改变一下自己的看法吧。不要以为自己挣得多就比别人有钱，决定财富的还要看你会不会花钱，会不会攒钱。从我们小时候开始，父母就给我们准备了存钱罐，让我们学会节省。

其实这是一种很好的理财方式。现在，你不妨也为自己准备一个存钱罐。把以前用于打车、买奢侈化妆品的钱放在里面，过一阵子，你会发现那竟是一笔不小的费用。

现在，很多年轻人觉得入不敷出的时候，就开始选择跳槽，寻找挣钱多的工作机会。总以为挣得多了，钱就够花了。却每次都纳闷找到了新工作，钱还是不够用，所以又换工作。

其实，这是他们没有找到导致自己没钱的真正原因。那就是不会花钱。只要学会了花钱，哪怕一个月只挣两千块钱，你的生活也可以美满充实。

所以，如果下一次你又感觉自己生活拮据的时候，不要再嫌自己挣得少了，先来看看自己的花钱习惯。一种坏的花钱习惯，决定你一生也不可能成为富人。

或许有的女孩子说我以后嫁个金龟婿不就行了吗？其实，花钱就像流水，只要你还是这样不计后果，没有规划地花钱，就算是金山银山也会在瞬间消失。常听人们说"挣钱不容易，花钱如流水"就是这个意思。

俗话说"从俭入奢易，从奢入俭难"。花钱花习惯了，一下处处计划，学会攒钱，不是一件容易的事。但是习惯也是养成的，一开始可能会感觉不习惯，但是攒钱的习惯一旦养成，你的财富也就随之而来了。年轻的女人人生刚刚开始，在人生的起点养成这样一个好习惯，也就是人生财富的起点。

我们都能过上与能力匹配的生活

有网友写了这样一段话："小狗问妈妈，幸福在哪里，被告之幸福在它的尾巴上。小狗拼命地想咬住尾巴，可是怎么也咬不到，就哭着说自己抓不住幸福。妈妈告诉它，只要它一直往前走，幸福就会一直跟着它。"其实，生活也是这样的。只要你一直往前走，幸福就会跟着你。

著名主持人杨澜写过这样一篇文章，名为《搏一搏才有机会》：

对成功，我们的定义很狭窄，往往感觉付出太多，收获太少。歌德曾说："每个人都想成功，但没一个人想到成长。"成功是向某个目标前进的过程，是在表达自己对人生的态度。

成功在人生当中只有一两个点，它是外在，有别人去评论；成长是个持续的过程，是内在，在内心愉悦存在。说起成功，每个人都担心失去，而成长是自己的，虽缓慢，但充满自信。

每个成功都是困境的开始，人要想着怎样度过困境。人要想做独特的自己，就不要太容易受伤，脸皮要厚点。有时，人并不喜欢自己工作的环境，环境给人相当大的压迫感。这时，你一方面要寻求突破，另一方面，心里要清楚你要什么。

……

很多人问我："你为什么能采访各国总统等大人物，我就不能？"

其实，你要相信积累。首先，你要让你的报道稍微有点不同。就那么一点不同，或许后面的情形就不一样了。我刚开始采访时，托很多人才约到一个证券会主席，还要出场费，我心里很郁闷。但三四年后，节目做得好，底气足了，别人争着来上我的节目。

我不管什么采访，所有功课都自己来消化。你要相信积累的力量，还有，就是诚意、善意的力量，在你能力范围内，善意地对别人。

有一种力量叫爱，当你能为别人寻找自我、表达自我提供帮助时，你的价值也会得到体现。

人要学会自己成长，把成长作为人生目标去完成，就离成功不远了。

很多记者采访我时，往往会说："你很有心计啊，在中央电视台最辉煌时选择去读书，后来又到凤凰卫视，这一切都是你安排好的吗？"我说："没有啊，我哪有心计？"

当时，我在中央电视台是一名当红主持人，大型活动都由我去主持。可一件小事，却让我感觉到我身处的环境极其不安全。

一年春节联欢晚会，共有六名主持。多遍彩排后，导演组突然决定不用其中一个主持大姐，但没人通知她。

那天，大姐兴冲冲地拿着礼服到化妆间，化妆师说没她的名字。那个大姐黯然神伤地走了。我当时坐在一旁，似乎看到自己的未来就是这样。

我心想，今天，如果没有机遇和环境的平台，有多少成功算是你努力的结果？选择离开是因为恐惧，因为命运不在自己掌握中。

从那一刻起，我就觉得自己首先得站稳脚跟，不要沉迷在鲜花和掌声中，要去寻找成长、去读书。

我的成长并不是精心安排，只是跟随心里最真切的声音。年轻时不去搏一搏，什么时候还有机会？

在事业面前，杨澜是成功的，她永远都知道自己想要的是什么，也永远会保持一颗进取的心，不甘于生活的平静。

"什么都阻挡不了我，天空才是我的极限。"年轻的女人，一定不能让生活的安逸吞噬掉自己的进取心，要时刻提醒自己，生活还在继续，要一直向前，而不该原地踏步，数着自己的脚印过活。

经济不景气，金融危机，这一切使得竞争更加残酷。年轻的女人，如果你想在这样的"冷冬"里保住自己的工作，让自己能够迅速地成长，更应该不断地学习、不断地拼搏，因为社会真的如杨澜在文中所说的："搏一搏才有机会。"

第三章
不折腾哪来的天长地久

　　爱就像是一个童话，每个经历过它的人，都会留下一些遗憾。当我们爱上一个人，心中会非常高兴；放弃一个爱人时，又会非常痛苦；爱有时像毒药，有时像蜂蜜，常常把人折腾得天翻地覆。

　　生活与爱情总会遇到一些波折，这是比较常见的现象，一定要让自己保持一个好的心态，认认真真地去对待。只有这样，才会使自己的爱情弥久生香，地久天长。

爱情和男人不是生活的全部

常常会看到悲情小说中的女主人公对男主人公说："我把一切都给了你，你却如此忘恩负义。"听听，多可怕吧！一个轻易就把自己的一切，包括生命，都给了他人的人，不论是谁遇到，大概都会避之不及。女孩要明白：爱情和男人永远都不是生活的全部。

傻女人在爱情中往往会把幸福建立在男人身上，这幸福就像海市蜃楼，说不定哪一天就会消失。

王琳讲了自己的故事：

我在中学时一直是一个好学生，应该说考重点大学是没有问题的。可高考那年不知怎么发挥不好，差了几分，只考上一般院校。我想转年再考，可是父母不同意，我只好服从了他们，准备毕业后再考研究生。

在上大学时，我认识了比我高两年级的同系男生，也就是我现在的丈夫。我们很快就投入了热恋，大学毕业时我按计划准备考研究生，那时他对我说："咱们结婚吧，我非常需要你。"是结婚还是考研，我一时也拿不定主意。

其实，现在看起来结婚和考研究生并不一定矛盾，可那时我认为，结婚就要做个好妻子，如果我读研究生一定没有时间照顾丈夫，我不能为自己读书而冷落了丈夫。

那时我们非常相爱，爱就是奉献，对此我深信不疑。我决定放弃自己的理想，和丈夫一起建筑起我们爱情的港湾。

毕业后我选择了教师的职业，因为教师工作比较稳定，又有寒暑假，一方面工作不会太紧张，一方面还可以照顾家庭。刚结婚那段时间我们确实生活得很幸福。

那时他在一个研究所工作，工作不算太忙。晚饭后是我们的黄金时间，我们一起出去散步，交流我们一天的感受。周末晚上，我们有时去音乐厅听音乐会，或是在家里找几个朋友一起唱卡拉OK。那时我真的觉得生活是美好的，家是温馨的，我很满足，也很快乐。

可是丈夫很快就不满足了，他说要趁着年轻干点儿什么。干点儿什么呢？他说他要读研究生。我说好啊，我也考硕士，正好圆了我的硕士梦。等咱们毕业了，再上博士，咱俩就是博士夫妻了。

就在我们两人紧张地准备考试时，我发现自己怀孕了。怎么办？是放弃孩子完成自己的学业，还是放弃学业要自己的孩子？我一时拿不定主意。

我和爱人再三商议决定：我放弃考试，精心养育我们爱情的结晶；丈夫加倍奋发，完成我们共同的博士梦。爱就是奉献，我又一次用自己的行动去实现爱的诺言。"因为我爱着你的爱，追求着你的追求……"唱着这首歌时，我总觉得自己沉浸在爱中。

我的妊娠反应挺厉害，经常是东西吃进去不久就都吐出来，很是难受。可是他也很忙，没有时间照顾我，还需要我来照顾他。经常是我一边吐，一边做饭。

孩子生下来以后，我就更忙了。因为我既要工作，又要照顾孩子，还要照顾他，因为他在上学，时常紧张，有时就住在学校，周末回到家，还要看书、复习功课，学校伙食不好，每个周末总要给他增加一些营养。

孩子还小时，我就找了一家托儿户，白天把孩子放在那里，晚上接回来，总之接送孩子、买菜、做饭、洗衣、收拾房间，我几乎承包了所有的家务，这是我心甘情愿的。

每当深夜，当我看着熟睡中的宝宝，再为还在苦读的丈夫送上一杯热奶时，总是感到幸福无比。

为了照顾好家，我几乎放弃了自己的一切爱好。我已经没有时间去商场为自己选购一件称心的服装，没有了和朋友们高歌一曲卡拉OK的兴致，甚至连自己爱看的电视连续剧也不能从头看到尾。

但是，我不抱怨，我觉得我的付出是值得的。因为我的家庭有了我的付出更加和谐幸福。我、丈夫和孩子已经成了牢不可分的三位一体。

我终于盼到了他的毕业。他毕业时，我劝他去一所高校教书。我说，教师这一行工作稳定又比较轻松，咱们还可以像过去一样，生活得潇洒、轻松。

可是他不同意，非要去一家合资公司。他说，教师的工作太平淡，不如到企业，自己独当一面，干着才来劲儿。就这么着，他去了一家合资企业。

由于他的努力，很快就被升到部门经理的位置。他的工作很忙，经常是深夜才回家，一脸的疲惫。当然，应酬也是他的各项工作。所以，陪客人打保龄球、和朋友出入歌舞厅都成了他的"工作"，这点我非常反感，也很无奈。

但是我仍然全力支持他的工作，努力扮演好贤妻良母的角色。

我的父母也是教师，他们和和睦睦地过了大半生，夫妻感情非常好。我也希望我们的家庭能像我父母那样，温馨、和睦。

我希望在我做饭时他能在我身边陪伴我，说几句赞美的话；我希望晚饭后我们能手挽手漫步在花前月下，每天晚上忙完了自己的事，我们能够坐在一起聊聊天，看看电视，周末，再出去玩玩，或是看电影或是郊游。

我在物质上没有更多的追求，只不过希望生活得更轻松有情趣一些，希望他对我多一些关注，对我的付出多一些理解。

我以为他毕业以后就会迎来我们的第二个蜜月，他会对我的奉献给予回报。可是我们的关系却大不如前了。他每天回家很晚，晚饭经常不在家吃，有时甚至不在家过夜。

偶尔回家早些，我主动跟他亲热，他都推脱说自己累拒绝了。我心里很矛盾，看到他疲惫的样子，我不忍打扰他，但是看到他对我的热情的回报只是冷漠，我就什么心情都没有了。

我心里开始不平衡起来，家里的事什么你都不管也就算了，那是因为工作忙没有时间，可以原谅。可作为夫妻，你总应该和我说说话吧。可是他，即使哪一天回家早了，也不和我多说几句话。

我对他说，咱们也该聊聊了，可他说，这么长时间的夫妻了，还有什么好说的，我累极了，快睡觉吧。他还总是说，说点别的行不行，整天不是东家长就是李家短，真没意思。说我整天就知道想自己眼皮底下的那点儿小事，层次太低，整个一个家庭妇女，没劲。

后来我知道他为什么会变得这么冷淡，因为他的心中有了另一个女人。他们的事被我发现以后，他很坦率地对我说："我知道我很对不起你们，我不能再欺骗你。我的心里有了她，这是真的，我想我不该再瞒你了。"

我问："我有什么对不起你的地方吗?"

他说："你没有什么对不起我的地方，可是现在和你在一块，我一点儿感觉都没有。你整天都是那些婆婆妈妈的事，一点儿也不像过去那样有理想、有激情。"

我说："人总得有点良心吧，你上学的这些年，孩子、家还有你的吃穿用，里里外外哪一点儿不是我在支持?如果我当时也去念书，不管这个家，你能这么顺利拿下博士吗?我是为了你才做出牺牲的。"

他承认我是做出了牺牲，但又说牺牲和爱情是两码事。他说那女的是他的副手，也是他事业上的帮手，他们之间相互理解，非常默契。他和那个女的在一起特有激情。他还说，如果我同意分手，他会在经济上给我补偿。

那天我们分居了，而且那时候到现在，我们一直在分居。他说他等着我的答复，我不知道该怎样回答他。我有一种被掏空了的感觉，好像被吊在半空中，上来下去都是死，只是死的方式不同罢了。

我真傻，我现在才明白，我的做法多么愚蠢。我一直觉得"二保一"是家庭的最佳模式，一个拼搏事业，一个照顾家庭，最后的结果是事业家庭双丰收。

可现在的结果呢，丈夫结婚后什么也没有损失，硕士、博士、经理、有车、有房、有权，也有了"小蜜"。该有的都有了。可自己呢，什么也没有。

孩子能算自己的吗?不能。首先孩子不是私人财产，就算是，也不是我一个人的。有时想起来，我觉得自己真活该，把丈夫当成了自己生活的重心，还以自己有"帮夫运"而自豪。

自己不知道爱自己，当丈夫也不爱自己时，就全军覆没了。刚结婚那会儿，我们的生活也是充满了阳光。但我不知道，那些充满爱情的日子是怎么从我身边溜走的。

歌曲中唱道："军功章有我的一半，也有你的一半。"我对此一直深信不疑，以为丈夫的成功就是我的成功。现在丈夫是成功了，可我呢，不但学业耽误了，连家也保不住了。想想真可笑，怎么就把歌词当真了呢!

如果我再有第二次婚姻，我不会再无怨无悔、心甘情愿地为家庭付出一切了。因为我知道，他的没有责任感正是我像保姆一样地悉心照料所惯出来的。我更应该在事业中去寻求寄托和慰藉。

读了这个故事，你的心一定是不平静的，女人不能丧失自己，这真是一个教训。

女人要明白你的幸福在自己手里，而不在丈夫的身上，女人一旦在婚姻中丧失了自己也就丧失了幸福。一个女人绝不能仅仅是帮助男人去建设他的世界，然后把他的世界当成自己的世界。

在现实生活中，男人和女人是不同的。男人越是发展事业，越会增加爱情上的砝码和吸引力，在家庭中的分量也越重，男性的魅力几乎是与事业的发展成正比的。越是成功的男人，越容易受到女性的青睐。

而许多女性却恰恰相反，往往重家庭价值，轻社会价值。更多的是把自己的希望和精力放在丈夫和孩子身上。对于那些对婚姻对家庭不负责任的男人来说，你的无私奉献，不仅不会让他感动，反而会指责你层次太低，成为他们找情人的借口。

事实也是如此，当王琳突然发现成功的丈夫身边又有一个"知己"的女性时，才后悔自己当初为什么那么傻，为什么不去争取自己的成功，为什么不善待自己。

现实告诉女人，无论自己的婚姻状况如何，婚姻都不是生命的唯一支点。男人是饭后的甜点心，不是正餐，正餐是女人自己，是女人的自立。所以，女人要爱自己，善待自己，这样的话，即使婚姻、恋情面临危机，也不会有"全军覆没"的感觉。

千万不要有下嫁心态

一说到自己的理想伴侣，女人可以开出各式各样的条件，比如，温柔、体贴、有责任感、孝顺、有钱、有男子气概，或没有不良嗜好、可以养家糊口、学历高、身材魁梧，有的还希望有很好的职业——医生、律师，也有人喜欢军人……可是千挑万选，什么样的男人才算最好的人生伴侣呢？

一是能够给你工作和事业提出有效建议的男人。

女人也有自己的工作和事业。女人在工作中由于自身的感性因素更容易受伤害。所以，找一个可以为你分担工作压力，为你排解工作中忧愁的男人会为你的工作增色不少。

二是把另一半放在与自己平等地位的男人。

一个女人找到一个尊重她的男人，那么不管在何时何地，他懂得考虑你的权益，以你的幸福为前提，这样他才能给你安全感，他才不会借爱情和婚姻之名，行剥削和迫害之实。

会尊重，才懂得信任。首先，他必须是一个不重男轻女的人，还必须是一个把你和他自己放在平等地位的人。他应该认为，你不比他重要，但也不比他不重要。他懂得尊重你的人生目标，以及生活乐趣，你快乐，他就会开心；他不开心，不能造成你不快乐。

三是心中有家的男人。

男人绝对不能没有事业心，但如果他的事业心太重，他花在家庭和你身上的心思就会很少。你要他陪你逛街，他说没意思；你要他陪你看电影，他说没时间。他事业取得了成功，你也跟着风光，但那是别人看到的，别人看不到的是你在漫漫时光里的寂寞。

四是和你人生道路一样的男人。

每个人的人生观不同，所以走的人生道路也是不同的。假如你是一个一心想出人头地的人，为了事业的成功可以牺牲时间、精力，甚至友情、善良和正义。如果你的丈夫和你一样，抱着为了成功可以不择手段的想法，那么你们就会像一对优秀的合作伙伴，可以每晚都一起"密谋"。

如果你生来淡泊人生，只想有三两知己、一本好书，那你也得选一个和你持同样人生哲学、可以欣赏你的人共度一生。

有两对夫妇，一对奉行享乐主义，对所有的娱乐和旅游项目都积极倡导；而另一对是谨慎的节约主义者，为防老，为育子，就是坐车都要考虑是地铁省钱还是公交车省钱。两对夫妇各得其所，日子过得都很甜蜜，假如换过来，后果可想而知。

五是浪漫而不多情的男人。

许多女人都追求浪漫的生活，如果能够找一个给自己的生活注入浪漫元素的老公，生活就是再累再苦，都像生活在童话世界里。可是，浪漫不等于多情。

多情的男人虽然体贴入微，让你饱尝爱情的甜美，但他们天生多情，像金庸名著《天龙八部》里的段王爷，见一个爱一个，对谁都舍不得，到头来受伤的还是被他爱过的那些女人。

六是让你感受到亲情的男人。

理想爱人的一个要素就是，你能在对方面前牙不刷，脸不洗；你能把脚放在桌上；你能放声大哭；你能大放厥词，说希望那个老给你穿小鞋的上司生场恶疾，你好取而代之……

那时的你在他面前就好像在自己的父母面前。年轻的女孩白天上班在外面扮演着一个个角色。晚上回家依偎在让自己表现真我的老公怀里，整个心都静下来了。

总之，一切美好的和丑陋的、善良的和恶毒的，你都敢在对方面前不加掩饰、真实地表现出来，那么，这样的男人是值得你和他过一辈子的。

你也许会想，嫁个理想男人真不容易，所以有的时候我们只能退而求其次。实在找不到更好的男人，就下嫁一个算了，管他是大款还是伙夫，只要他爱自己，就行。

姑娘，我告诉你，这种想法绝对会害你一辈子！

识别渣男，需要一双明亮的眼睛

这个世界上，有一小部分好男人，一小部分坏男人，还有一大部分是等着女人改造的又好又坏的男人。女人真正要防范的其实仅是那一小部分坏男人，那就是人们俗称的"渣男"。

这里所说的"渣男"，并不是那种杀人放火的恶魔，也不是恶贯满盈的大盗，而是指不能对女人全身心负责任的男人。

识别渣男，需要女人有一双明亮的眼睛。我们先来看看第一种是什么样的，这一种的名字叫"自我排他独行客"。

这种男人喜欢独自一人长时间的旅行。经常处于没有女朋友的状态。对于艺术、哲学有很深的偏好，而且独来独往。年龄偏大，生活细心，井井有条，很会照顾自己，连理家、烹饪、熨衣服等工作，都很擅长。

他们虽然颇为潇洒并有才华，却是"拴不住的野马"，需要时沾一下性和爱，但亲密关系对他们来说永远只是负担。

如果你的男友是这种人，一定要忍痛割爱，另觅良人，否则会被他来去无踪搞得无所适从，沉溺在得之不到的痛苦中。如果你只想要一段"不在乎天长地久，只在乎曾经拥有"的恋爱，那么这种男人中有一些还是不错的。

第二种是自怜自爱的颓废男人。这种男人永远讲究形象，不是穿着得体的俊男，就是假装颓废的酷男。凡事都以关心自己的权益为第一优先。

强烈的完美主义倾向，把对自己的标准拿来要求别人。即使在恋爱中，也不轻易付出感情。可能有洁癖。受不了的人和事很多，不见得挂在口头上，但表现在肢体语言上。

和自恋型的男人在一起，特别容易感到"相爱容易相处难"的挫折，常常会有得不到爱的沮丧，女人还是少招惹他们为妙，以免爱得徒劳。当然，如果你有条件能配合他的美好他的优越，也许还有可能。

第三种是独裁霸道的无情魔。这种男人个性非常好强，半点也不服输，如果遭遇挫折，就会全力以赴，把局势反转。不容易体谅弱者的心情。别人向他诉苦，他的反应都会相当坚定，指出原因在于你不够努力，或者表现出完全不同情的态度。

他们习惯性地命令别人帮他跑腿，而且觉得这些都是别人应该做的，丝毫没有感谢之心。具有完全不妥协、不牺牲的性格，为了自己的理想，可以抛弃妻子。

和这种独裁型的男人相处，最大的伤害属于精神方面。有不少例子表明，嫁给这种男人的女人，会因为长期的压抑而造成精神上出问题。但男人没有一点粗犷霸气，女人也不见得会爱上他，所以，女人如果具有以柔克刚的技巧，也许可以把独裁型男人搞定。

第四种是事业至上的工作狂。这种男人每天工作超过十二小时。言谈中对于人生的价值，只锁定在事业成功之上。热衷看各种成功人物的传记，向往参加各种名流俱乐部，对于扩张版图无比兴奋，对创业抱高度热情。

工作之余，只对政治、汽车的话题感兴趣，而且发起议论来就说个没完。除了工作，生活中没有嗜好。

在这个世界上，唯金钱、权力最能作为男性象征，所谓"权力就是男人的强力春药"。对这种男人，无论使出多少迷惑手段，只能得到他的人，很难占领他的心。

如果女友主动要求离开，他们会毫不留情地说拜拜，然后另找能听话、配合的。

若与这种人共度此生，必须有心理准备，你将与工作、事业、老公的伙伴分享你的男人；如果你觉得男人的成就不是最重要的，如果你期待相知相守的白首之约，那么远离工作狂绝对是必要的。

第五种是怜香惜玉的多情种。这种男人不善拒绝女人的诱惑，平时就喜欢跟一堆女生打哈哈逗乐。很能够跟异性分享心情，做女人的青衫之交。

这种人个性相当热情，还有非常温柔的心地。自认为是浪漫分子，怜香惜玉的多情种子。不见得非常注重穿着，但一定很注意自己的仪态风度。

他们看起来并不积极，也没有特别吸引人的特点，但根据可靠消息，此人过去的女友相当多。

这类男人也不见得一直在女人堆里游走，所以他有可能江山情于某位佳人，娶来做妻子，但当妻子的不要高兴得太早，因为这种男人外遇的概率很高，你禁得起这样的考验吗？如果你的战斗力不够强，交这种男友可得三思。

第六种是古板压抑的老腐朽。这种男人除了工作领域之外，对社会上其他的事都没兴趣。对于传统的价值观比较信奉；对于新事物总是持不能理解不能接受的态度。

他们不喜欢太太比他出风头，特别是两人都在场的情况下，女性必须很收敛。喜欢用负面的方式来思考，对于比较棘手的问题，他的态度往往是"做不成，行不通"，没有创造突破的精神。

你可以向他灌输欣赏和尊重的观念，不时表示赞美，表达你希望他也如此待你，多少会有点效果。如果他像个木头人，不会体会这些，很可能他的感知能力很弱，一辈子都只能做个狭隘、封闭的土包子。"食之无味，弃之可惜"的鸡肋，满足不了女人对丰沛生活的需求。

第七种是喜怒无常的怪人。这种男人情绪容易亢奋，话匣子关不住，喜欢奔放自由的生活，充满狂野的想象力，喜欢挑东挑西，容易冲动，事后马上后悔，情绪起伏很大，对朋友非常热情，急躁，说到马上做到。表面装作不在乎，其实很在乎别人的看法。

爱上一个情绪化的人，绝对会在又爱又恨的情绪中纠结，弄得自己很不开心，要和这样的人亲密接触，就必须有心理准备，你得经常忍受另一半的情绪问题。

第八种是动粗打人的鲁莽汉。这种男人对工作和生活充满抱怨，常想报复，喜欢过量饮酒，不知节制，喜欢把粗话挂在嘴上，大言不惭，有虐待动物倾向，家族中有饮酒、暴力记录等。

和别人冲突时，他们喜欢用干一架的方式解决问题，动不动就龇牙咧嘴，露出嘲讽、不屑的模样。

男人施暴不可原谅，但很多实例证实，许多暴力问题往往是"女人嘴贱，男人手贱"，是在女人使用语言暴力之后，男人才使用肢体暴力的，这是女性必须先反省的一点。

很多例子显示，女人一般是在婚后，才被暴力阴影所笼罩。要是婚前男朋友就有打女朋友的记录，不管是不是嘴贱，基于保护自己的前提，都必须离开施暴者。而婚后如果女人习惯性受虐，只能助长暴力，千万不要忍耐，应及早解决。

第九种是猜忌多疑小心眼。这种男人个性极端，具有报复心理。喜欢干涉亲近的人的行踪。有时不时电话追踪家人、朋友的状况。他们个性孤僻，总觉得身边的人对不起自己。

这种人的性格特点，只有在彼此关系比较密切之后才能发觉，因此，理性和多观察，才能尽早识别。

爱情可怕的副作用，就是占有欲和猜忌心，因此，你和这种男人在一起，很可能被他的多疑所误。

第十种是挥霍无度的败家子。这种男人喜欢选用最好最贵最有名的品牌。喜欢排场，喜欢请客。对于成功的热情极高，但是说一套做一套，一点能力都没有，但又半点不自知。

他们对于金钱不太有概念，有多少花多少，对于兄弟之间，非常关心、讲义气，容易重蹈覆辙，一再投资失败，还不死心。通常不能脚踏实地，总希望一步登天。

金钱上乱搞的男人，比不赚钱的无能男人还会制造更大的家庭负担，如果你的男友有挥霍无度、好大喜功的性格缺陷，你得好好想想未来。

如果你要爱他，你控制或负担得了他的财务问题吗？当然还有一类继承大笔财产的富家子，因为挥霍惯了，所以好吃懒做，一味花钱。做短暂男朋友问题不大，一旦走向家庭，日子肯定不会好过。

第十一种是自我欺骗的软弱虫。这种男人除非很了解，否则想一眼看出他是否自我欺骗类型的男人很难。他拒绝有关个人的深入交谈，话题多不着边际，如果你一再提醒他所要回避的事业，小心他会给你脸色看。

他们通常是一副很幸福的样子，并且一再强调没有面对现实的勇气，他们喜欢谈理想、梦想，但没有行动。怯于表达及沟通。明明看来信心不够，还装得很自大。对于这个社会，充满不满情绪。

这类人往往曲解爱情，并以为谈情说爱就要受苦，是不懂爱情艺术的糊涂虫。对于这种经不起考验、又拒绝醒来的人，只有远离。

第十二种是情爱泛滥的采花贼。这种男人有意无意表示自己的性能力高超。认为这个世界上没有性道德的问题。喜欢对女性放电，随时随地传递勾引信息，若有若无地拍一下女性的腰，或摸一下女人的背。

在一般的谈话中，他们敢于询问对方的感情生活，特别是性生活，非常喜欢赞美女人欣赏女人，而且教导女人如何认识自己的美丽，从来不拒绝女人主动的勾搭，几乎不"挑食"，朋友一致认为这个人的私生活很放荡。

好色男追逐性甚于追逐爱，让他们对感情认真，实在太困难，身为女人，只有加强"驾驭"的技巧，才能让男人安分些。看透采花贼的弱点后，如果没有能力去改造他，就只有远离。

如果生活不同，不要相互打扰

爱情永远都是双向的。如果你爱别人，别人不爱你；或是别人爱你，你不爱别人，这虽然也是爱，但却都不是爱情。年轻的女孩谨记：一定要找个自己爱，又爱自己的丈夫。如果彼此生活不同，不要相互打扰。

女人有时是自私的，当她没有遇到一个爱自己而自己爱她的男人之前，总是会半推半就接受一个爱自己而自己不爱的男人的爱。可是，她并没有因此而感到幸福，反而越来越不快乐，却又舍不得他走，就骗自己说"被爱比爱人幸福"。

到底幸福与否只有自己心里最明白，恋爱是件自由的事，何苦这样骗人又骗自己呢？

年轻的女孩应该明白爱情不是无私的牺牲，也不是单纯的占有，而是在尽情体会彼此吸引优点基础上建立起来的"精神共同体"。不违心地奉献和虚假地接受，保持本色的自我，是爱情得以永恒长久的不二真理。

女作家张小娴女士在一篇有关爱与被爱的文章里精辟地论述了两者的利害关系。她说："假如你不爱那个人，被他所爱又有什么幸福可言？除非你这个人对感情已无要求，但求有一个人对你好，对你千依百顺。"

被爱比爱人同样痛苦。被一个自己不爱的人所爱，有时是痛苦的。你不爱他，但是，你爱的那个人不爱你。你只好留在这个你不爱的人身边。他愿意为你做任何事。

你甚至可以拿他来做出气袋，你可以骂他、打他。你更可以骄傲地说：我不爱你！你想哭的时候，又可以借他怀抱一用。你需要赞美的时候，他绝对不会吝啬。你凄然问"你为什么要对我这样好？"他也没法回答。

这个时候，你会感到幸福吗？还是你会痛苦？不是说风凉话，被不爱的人所爱，你起初或许有点飘飘然，日子久了，你开始害怕自己只能得到他。难道你不配找到一个你爱的人吗？为什么上天把他派给你？你很好，可是，他愈对你好，你愈不快乐。

卡洛琳·范威终于找到她渴望已久的爱情，可是事情的发展却不如她原先所预料的，是一片光明灿烂的远景。相反地，眼前的日子似乎只是一片阴霾。

就某些方面来看，她是成功的，艺术学校里的课程，不仅让她遇到理想的伴侣，在工作上也获得晋升，她实在非常喜欢这份工作，因为她可以自由发挥；广告或许在艺术价值上不及一般绘画艺术，不过她还是觉得十分欣慰。

现在问题已经摆在眼前了，她到底该不该结婚呢？这对工作会不会有影响？同时有两位追求者，一个叫安凡威，他事业有成，聪明而又积极。另一个叫史狄克，他的境况相对安凡威稍微差一点，但他似乎更爱她……

她很矛盾，她该选择谁呢？她到底更喜欢哪一个呢？现在两个人都同时向她求婚，而她自己也老早就渴望有一个安定的婚姻生活。

这天下午，卡洛琳又来到布莱士女士的办公室，她对自己的问题真有些难以启齿。

"对不起，打扰您了，我遇到了一件比较麻烦的事，现在同时有两位男士向我求婚，而我却拿不定主意该选择谁。"

卡洛琳把自己的困惑全说出来，因为她害怕选错人，造成错误的婚姻而遗憾终生，可是她又觉得这两位男士都十分爱她。

"你真是个幸运儿。"

卡洛琳抬头看看布莱士女士，希望能从她口中找到一些暗示，可是只看到她笃定的笑容。然后，布莱士女士巧妙地举了一桩意外车祸的例子，她说两位男士不幸受重伤。卡洛琳听了，立刻不自觉地叫着："哦，不，不会的。"

"当然不会，难道你真的不知道你到底爱谁?"

"狄克。"卡洛琳几乎是脱口而出。

"你要了解，爱情绝对不可以建立在任何物质的吸引上，爱情需要彼此互相包容，相爱的两个人彼此一定有一种奇妙的吸引力。在你心底里虽然没有害羞的障碍，但是你对男性还是有一种惧怕，你更害怕做这方面的决定，你知道安凡威是个有事业基础，聪明又积极的追求者，而史狄克虽然生活环境比较差，可是他才是你真正爱的人，因为他才能对你付出无止境的爱心和耐心。"

"和他在一起，我也比较有安全感。"卡洛琳实话实说。

"这一点最重要。我知道如果只问你一些问题，对事情一定没有帮助，你仍然无法做任何决定，所以我才假想那件车祸中，追求你的两位男士，都受到重伤。"

"是啊!你又说得那么逼真,所以一霎时内,我突然有股冲动,如果狄克真的发生不幸,我一定无法承受,而安凡威对我似乎就毫无影响了。"

"所以,如果你选择安凡威,你的日子一定仍然会活在史狄克的阴影里。"

"真得感谢你想出这个方法。"

"这只是一种专业知识,当我们面对问题举棋不定时,不妨就假想一种情况,事情真的发生时,我们会如何做,只要在心理上也能设身处地去思考,一定会有明朗化的一刻。"

在日常生活中面临问题时,这的确是一个很好的办法,让事情真实地在脑海中演一次,答案就很清楚地呈现出来了。

卡洛琳所以会有如此的困惑,是因为她没有深入地考虑她自己的想法,她不停地比较安凡威和史狄克两人的背景;安凡威有事业基础,又表现得如此积极,卡洛琳对他的经济背景有信心;而史狄克总是比较迟疑,她对他究竟能付出多少感到怀疑,在这种比较心理下,完全忘了其实自己的感觉才是最重要的。

大部分的女人,基于一种近乎愚蠢的无私观念,常常将爱情视为一种被动的情感,只有当自己被爱时,才能肯定自己的存在,于是接受对方,进而结婚,一生就这么决定了。

如果说因为有人喜欢你,你就心甘情愿地嫁给他,这想法简直太荒谬了。有些人本性占有欲极强,有些人嫉妒心很重,他只是想将你占为己有,借以满足自己的欲望,一旦你屈服,将终生变成他的阶下囚,不得安宁,更别提还能获得什么幸福了。

　　爱情不是牺牲，也不是占有，而是能体会彼此吸引的优点；哪怕当两人的关系不幸渗入一丝的占有欲望，或是一点奉献的心理，这样的感情已经不能视为真爱了；建立在奉献基础上的婚姻，两人的心理及地位永远难以和谐，除非双方都是彼此坦诚，彼此欣赏。

　　女人千万不可为了讨好某人而结婚，那样的婚姻终究不可能长久，更不可能有幸福，如果只是单向的奉献，终有一天，你奉献的对象可能将会成为你今世最痛恨的人。

　　爱情是双向的，婚姻也是靠两个人共同维系的，需要有长期互相包容及互相扶持的决心，有些人一结婚，丈夫就得担负起两个人的生活包袱，像这样的妻子，只能成为丈夫的累赘，终有一天，当丈夫再也扛不下去时，这桩婚姻便难以持续了。

　　爱情的真谛更是自始至终，永远真实地表现出自己，恋爱时的女人要有"心眼"，不要为了得到对方，而伪装自己，否则当面具卸下的那一刻，彼此便成陌路。

　　爱情不是无私的牺牲，也不是单纯的占有，而是在尽情体会彼此吸引优点基础上建立起来的"精神共同体"。不要违心地奉献和虚假地接受，只有保持本色的自我才是爱情得以永恒长久的不二真理。

不要以爱的名义消费男友

　　作为女孩子，我们在甜蜜的爱情中享受着幸福的瞬间。如果这个时候提出恋爱成本这个概念，你肯定觉得是一件大煞风景的事。爱情是崇高而伟大的，如果恋爱也谈成本，那这个世界还有什么不是物质的。

不过事实是，如今的浪漫太需要物质的支撑了。将爱情进行到底，说来容易做起来难。所以，恋爱中的你一定要为自己和你喜爱的他算一算爱情的成本。这样你才能知道恋爱也是一笔很大的支出，从而更加体谅一下自己的另一半。

西安青年联合会与社会调查事务所曾对西安市 100 对即将步入婚姻殿堂的恋人进行了一次有趣的专项调查。调查结果显示，72% 的准新人恋爱全过程的花费在 1.2 ～ 3.5 万元，66% 的准新人恋爱至今的花费在 1 ～ 1.5 万元。

你是不是吃了一惊，上面的数据还只是针对西安这个普通城市的调查结果。如果以此类推，北京、上海、广州这几个大城市的恋爱成本会更高。

统计数据还显示，恋爱初期，男性的各项花销支出占总计算单位的 40%，基本上由男性埋单。恋爱初期的男女主要的交往地点是卡拉OK 厅、咖啡店、酒吧、舞厅等各种娱乐场所，而这一阶段男女之间互表情意的礼物多为鲜花、巧克力、书籍、衣物，体现的是礼轻情义重。

恋爱中期，各项花销支出占总支出的 25%，其中男女双方的消费支出比例大致为 6 ∶ 4，由于这一阶段的恋人已基本确定关系，其消费方式也从最初的狂热激情演变为比较务实的消费方式。

恋爱后期，各项花销支出占总支出的 35%，由于双方开始准备筹办婚事，所以此阶段的消费带有强烈的针对性。日常的吃、娱乐等消费基本降低到维持水平，购买家电、家具、日常用品等支出大大增加，这些支出一般由女性负担，此时男性的支出主要是买房和装修。

从上面的统计数据，我们可以看出，从两个人在一起，男方就一直在支出。虽然后来随着感情的增进，女方会分担一部分，不过恋爱成本的绝大部分还是男方承担的。

　　江天和女朋友郑苹是大学同学，他们在一起三年了，现在两个人都是公司白领。江天也和中国大多数男士一样，由于中国男人的大男子主义的心理，主动承担起了两个人在一起的开支。

　　但其实江天心里也是有苦说不出，因为他感觉自己现在的压力好大，家里有在农村的父母，以后还要负责买房。而且他和郑苹在一起的开支有增无减。看下面这个江天的清单。

　　星期一：白天我们很忙，晚饭也没有时间一起吃。最后我们只从城市的两头打车汇集到一个弥漫着爵士忧伤的酒吧，聊聊天，喝了一点饮料。花费：85元。

　　星期二：午休时间我正打算在办公室休息，我的手机响了，我很高兴地接听。结果我听了半小时的啰唆情话。每分钟4毛钱，一共12元钱。晚上，我决定和她吃顿晚饭，然后回家洗洗睡觉。结果我们在那家人来人往的饭店里，花了两个小时和200元钱。

　　星期三：我想起她说过喜欢那个SWATCH的手表。所以我去了商场花了280元买下来送给她当作礼物。付出280元，得到含情脉脉和一个吻。

　　星期四：她说晚上我们在一起吧，我说好的，我们去喝点咖啡吧。于是，我们无比喜悦地去了那家有人弹奏古典吉他的典雅的咖啡馆，我们窃窃私语，烛光摇曳，我们还自己动手现磨咖啡。总代价：150元。

星期五：早上她说下午就没事了，我们去逛街吧。我们坐在商场的美食广场吃午饭，我们都喜欢的回转寿司简餐，60元。然后，我们在商场待了4个小时。她的收获是我手中的一件无袖短连衣裙，一双凉鞋，一瓶美白乳液和一个挂件，她只要我送其中的美白乳液，价值330元。

星期六：昨天晚上后来和她吵架了，有点自责，于是我咬咬牙请她到我们说过好几次的一家宾馆的西餐厅吃法国蜗牛和鹅肝。480元的晚餐当然好吃。接着我们心满意足地去看了一场100元钱的电影。

星期天：我们只想在一起去看看那些高高低低的树。我们骑车远行。我们看到的满眼是绿色，我们有点累，回来时走进了那家舒适的冰淇淋店，点了她最喜欢的意大利冰淇淋。总花费：120元。

江天的这个单子只是他和郑苹在一起很普通的一周，他们基本上每周都这样。所以，虽然江天每个月月薪六千多，但每到月底还是"月光一族"。其实很多大城市的白领男士都会遇到同样尴尬的局面。现在的恋爱成本真是让人惊叹。

作为女人，看到这些数字会有什么感受。虽然我们谈的是恋爱，谈钱就俗了。但是，恋爱是两个人的事，我们不能只追求自己的感受和放任自己的虚荣心。我们应该适当地计算一下自己的恋爱成本，为男朋友紧紧钱包。

其实，有时不一定吃大餐就一定能吃出深厚的感情。有句话说得好："我爱你，和你在一起做什么都是幸福的。"恋爱是两个人的事，不是给别人看的。如果你真正爱他，就要为他算一笔经济账。这样，你在他的心中就不再是一个陪在自己身边的花瓶，而是一个识大体的老婆人选。他会因此而尊重你，珍惜你。

站在对方角度思考

中国有句老话叫作"将心比心"，将心比心才能相互理解。但将心比心好说难做。难在真正将心比心，难在真正换位思考，难在真正付诸行动。在每天的平凡生活中，如果能做到将心比心，那么家庭会充满幸福，夫妻会更加恩爱，生活会充满快乐。

很多夫妻之间，不能理解对方的付出，总以为自己才是最辛苦的，于是彼此产生厌倦或是感觉失望，得不到对方的理解等。其实很多时候，将心比心，站在对方的角度考虑问题，更能体会对方的心理。

有这样一个故事，说有一个男人每天出门工作，他的老婆整天待在家里，对此他感到非常厌倦。他希望老婆能明白他每天是如何在外面打拼的，于是他祈求神："我想要让她知道，我是怎么过的，求你让我和她的身体调换一天吧！"

同时，他的老婆也厌倦了做家庭主妇的生活。于是她也祈求："我不想再干这些洗衣做饭带孩子的小事了！我要学撒切尔夫人、居里夫人，我要和在公司上班的老公换躯体！"于是，神答应了他们的要求。

第二天一早，丈夫醒来，就成了个女人。他起床为他的另一半准备早点，叫醒孩子们，为他们穿上衣服，照顾他们吃早餐，装好他们的午餐，然后开车送去学校。

回到家，洗衣服，去银行，去超市采购，再次回到家，放下东西，交清账单、结清支票本。当他打扫完猫盒，给狗洗完澡，已经是下午一点了。他匆忙地整理床铺、做卫生。

忙完这些，他急急忙忙冲往学校接孩子。他准备好点心和牛奶，督促孩子们做功课，然后架起熨衣板，一边忙着，一边看着电视。

四点半的时候，准备晚餐。吃完晚饭，他开始收拾厨房，叠好洗干净的衣服，给孩子们洗澡，送他们上床睡觉。晚上九点，他已经撑不住了，然而，他的每日例行工作还没结束。

第二天一早，他一醒来就跪在床边祈求："我真不知道自己是怎么想的，我怎么会嫉妒我老婆成天待在家里？求求你，让我们换回来吧！"

拥有无限智慧的神回答他："我想你已经吃到苦头了，我会很高兴让一切恢复原来的样子。但是……你不得不再等上十个月。因为昨晚，你怀孕了。"

与此同时，第二天早晨7点钟，老婆醒了，她真的变成了男人。她兴冲冲地换上老公的衣服，穿上白衬衫，蓝西装，却怎么也找不到领带。当她满头大汗在小孩的褓褓里翻出了领带系上时，却觉得好像勒了一条铁链子，气都喘不过来。她想，为了实现我做男人的理想，受一点苦又何妨？

公司离家很远，要搭乘地铁，她好不容易挤上了一班人山人海的地铁，心想：为什么那么多人都想成为工作狂人呢？

好歹没迟到，到了公司，刷完出勤卡，主管劈头就要业务报表、月度总结、出差计划、客户安排……

她没想到还要这些，自己一样儿也没有准备，主管气得脸都绿了，狠狠地扔下一句：不想干趁早走人！吓得她衬衫都湿透了。

一天的工作就是打电话约见客户，调查相关产品的价格信息，绞尽脑汁思考如何超过竞争对手……她觉得头都大了。

下班了，为了缓解一下压力，想和同事喝几杯啤酒，手机却响个不停，原来是她那个变成老婆的老公尖叫着，让她赶紧回家，因为吹风机坏了，老婆没法吹干头发。

她心力交瘁地回到家，面对老婆的一大堆责问，孩子的哭闹，邻居嫌她家扰民的指责，她欲哭无泪……

"天啊，"她高声呐喊，"还让我做回家庭主妇吧，我受不了了！"

神说："没机会了！现在你家是你的老婆说了算，她说让你换回去，你才能换啊！"

在家庭和社会中，男人有男人的位置，女人有女人的角色，都需要各自承担属于自己的责任。每个人都有自己的辛苦之处，夫妻在家庭中有共同的责任。

而很多人往往主观地认为除自己外，其他人过的生活都比自己的轻松、快乐。就像故事中所说的一样，当这对夫妻换位一下，才知道彼此的付出和不容易。

试问，这样深度地理解彼此，还会有什么问题能妨碍他们的婚姻幸福呢？可见，要理解对方、爱对方，只有站在对方的角度体会他为你做的事情，才能真正有所顿悟。

有时候，两个人在一起，可能其中的一个人会安于享受对方为自己所做的一切，并认为一切都是理所当然的，也不会注意自己的某些行为是否已经给对方造成困扰。长此以往，必将造成付出的一方产生日积月累的积怨，不利婚姻的长久。

妻子的工作比较忙，经常加班，做晚饭的任务就落在丈夫身上。妻子心安理得地接受，加班经常没个准点儿，也从不提前跟丈夫说好回家时间。

有一天，丈夫郑重地对妻子说："你不能说几点回来就几点回来，我做饭也要讲计划，得有准备时间，总不能让你吃凉菜吧。"

妻子见他不高兴，就赶紧认错："对不起，我知道你每天都很辛苦，可就咱俩吃饭，还要什么计划。"

过了几天，丈夫要连续加班，妻子决定回家做饭。但饭菜飘香许久，给丈夫发了两三个短信，得到的回复却都是"还得忙一会儿。""我很快就回家。""我马上就回家。"

等他回来，妻子连珠炮似的吼道："一会儿是多长时间？很快有多快？马上是多久？"

丈夫笑眯眯地回答："老婆，这不都是你的口头禅吗？我只是把你发给我的短信'回赠'给你，你没觉得'眼熟'吗？"此时，妻子这才意识到往日自己的专横给丈夫带来的烦恼。

故事中的丈夫，没有通过吵架或是其他偏激的方式来解决这样的困扰，只是让妻子也站在自己的角度体验了一下自己的难处，从而成功地扭转了局面，让生活更加美满。

> 妻子正在厨房炒菜。丈夫在她旁边一直唠叨不停："慢些。小心！火太大了。赶快把鱼翻过来。快铲起来，油放太多了！把豆腐整平一下。哎呀，锅子歪了！"
>
> "请你住口！"妻子脱口而出，"我懂得怎样炒菜。"
>
> "你当然懂，太太，"丈夫平静地答道，"我只是要让你知道，我在开车时，你在旁边喋喋不休，我的感觉如何。"

己所不欲，勿施于人。婚姻生活中，多从对方的立场和角度出发，就更能理解对方的心理感受，也能折射自己的生活态度，这样才有利于家庭和睦、稳定。

切勿将浪漫演变成悲剧

张爱玲的一部小说中提过，也许每个男人的生命中都有两个女人，一个是白玫瑰，一个是红玫瑰。白玫瑰是他温柔贤淑的妻子，红玫瑰是他热情鲜活的情人。男人在这红白之间比较、周旋、矛盾、平衡。而每个玫瑰般的女人，她的生命也被涂上了红白两种截然不同的色彩。

白的纯净熟稔如同家居摆设，让人再不觉得目眩心动；红的寂寞撩人，将隐忍于深闺庭院的款款深情作最灿烂的一搏，如高墙上的红杏，呼之欲出。

无论红杏或是红玫瑰，都给世俗眼光中动了二心的女人平添了一抹艳情的色彩。可是这明丽的色彩中分明隐含着黯淡，而且高墙内外那何去何从苦苦挣扎的心情又该如何承受呢？

即使墙外的情形并未辜负她，女人依旧会惶恐，不知如何是好。想挣脱树枝，纵身而下。偏是树枝紧紧缠住不放。这让女人想起自己的生命之根已经扎在这儿了，纵使挣脱，生命也不再完整。

与此同时，她不得不联想起墙外男人的自家庭院中，是否也有一个与她命运相似的女人？而自己的男人是否也正徘徊在另一座庭院的墙外，等待着另一枝红杏出墙……

女人在墙头煎熬着，进退维谷。若退，她会和以前一样数着花瓣过日子，在寂寞中等待生命的凋零；若进，她或许能梅开二度，将生命的花季延到深秋。

但是，花无百日红，终有绿肥红瘦的一天。那时，墙外的男人早已失去了赏花的心情，也没了护花的耐心，于是，出墙的红杏最终逃不脱零落成泥的命运。

一枝红杏出墙来，结局呢？大抵如此。古时、现代都如此。

　　35岁的夏芸，自从认识了江山，才恍然觉得事实上自己
从未真正爱过，虽然早已结了婚，也是自由恋爱。和丈夫，
是相逢恨早，和江山，却是相逢恨晚了。
　　那次聚会，夏芸认识了博学、善辩的江山，与他那下海

淘金中的种种经历相比，自己的丈夫显得平淡平庸了许多。

夏芸在银行工作，由于江山的几次业务拜访，两个人越来越熟悉了。一天，江山打电话给夏芸，说要感谢夏芸对他的帮助。

明媚的阳光下，身穿浅灰色西装的江山，挺拔得像一棵树。夏芸忽然觉得江山是一个活得很精致的男人。而自己的丈夫相比之下，却是个粗枝大叶的男人。

席间两人闲聊着彼此的生活。虽然一句都未提及情感，但这次约会却让她清楚地意识到，两个人清晰地走进了彼此的内心。

那以后两人经常各找借口出来，最常谈的就是今后如何如何，但总是说到最后就陷入了沉默。他们都明白，要实现新的一切，就必得打破旧的一切。这一点上，夏芸和江山都是缺乏勇气的人。

但现实终究是现实，它就那样存在着，无法逃避。一天，夏芸偶然去江山的办公室。却不想遇到了江山的妻子。看着他们相敬相知的样子。夏芸忽觉自己就如同一个突然闯入的"贼"，在偷窃着本不属于自己的情感。

晚上，看着在一起做游戏的丈夫和女儿，夏芸的内心涌起一阵歉疚。这才是她的家啊，和丈夫女儿共同拥有的岁月可以舍弃吗？这个家给予自己的安宁和幸福可以舍弃吗？妻子的责任母亲的责任可以舍弃吗？但那久违的悸动呢？那刻骨的思念呢？夏芸又真的舍得放弃吗？

对家、对孩子、对现在所拥有的生活他们彼此都在乎。

可是在乎的太多了之后，他们的爱情还能拥有多少空间呢？只是苟延残喘罢了。一段长久的挣扎后，夏芸和江山约定只做婚外恋人，永远相亲相爱。

可是生活如果真如此清楚就简单了。事实上情感本身的复杂注定了生活的复杂。在情感的世界里，根本就没有1+1＝2那样简单的算式。在点点滴滴积聚起来的尴尬无奈里，他们越来越清晰地意识到这一点。

久行夜路必撞"鬼"，一天在一个偏僻的地方约会时，他们却遇见了熟人。那种面对面时的尴尬无言，熟人眼中的疑惑、鄙视、像一把锋利的匕首插在两人的心中。

阳光背后的爱情，便是这样见不得光的，自认为很圣洁的爱情还是在夏芸的心中引起了犯罪感。她感觉到了山雨欲来风满楼的紧张气氛。

时时担心着，总怕哪一天丈夫会为此事提出疑问，潜意识里总希望丈夫永远不会知道。那时她明白她是自私的，自私地想在两个男人之间找到一个平衡点。

如果当一切都天翻地覆地发生了，她和江山还会有彼此用眼睛说话的那份宁静与幸福吗？而如果一切都不破坏，两个彼此心有所属，只是一切爱恋都不能在阳光下演绎，得时刻防备着他人异样的目光，得时刻防备着来自家人的追问，在一种诚惶诚恐地心虚里还有多少美好残留心间呢？

夏芸犹豫着，徘徊着，她不知道在这感情的边缘上她该向哪个方向走。她无法面对丈夫那无辜的目光，也无法抛弃江山的那片温情，她被困在了感情的漩涡中。

　　夏芸也许困惑，也许迷茫，她被囚禁于自己为自己设下的陷阱中，她会认为自己的不幸全部来自自己那颗不满现状的心，但是她并不知道，她只是婚外恋这场浪潮中的一滴，还有更多的女子为了那份被禁忌的感情，曾付出更多，甚至生命。

　　这已然成为现今社会的一种常态。社会学者，就此进行了深层分析，他们所得的结论，也许值得我们每一个人认真思考。

　　他们曾对 2000 多名女子进行了社会调查，发现女人有外遇的平均年龄是 35 ~ 40 岁。而她们产生婚外情的原因主要有以下几点：

　　一是寂寞中的诱惑。女人对婚姻的期望是以感情的满足为准则的，她们渴望被关心及爱护。如果丈夫由于工作或其他问题，经常不在妻子身边。或者缺乏家庭责任心，不关心妻子，不经常与妻子沟通，会使妻子产生寂寞心理，感到没有精神依托。日积月累，这种被忽略的情绪就会爆发。

　　此时，如一位男性对她表现出关心及倾慕时，女人往往会错把感激当成爱而出轨。

　　二是平淡之外觅激情。性生活是否和谐成为夫妻生活质量的一个重要标志。如果丈夫因为性生活方面趋于平淡，不能满足妻子的生理需要，久而久之，就会使妻子产生失落心理，从而极有可能"红杏出墙"。

　　三是报复于不忠之后。有的丈夫对妻子不忠，在外面偷情猎艳，一旦事情败露，往往会导致不愉快的结局。如果做妻子的考虑欠妥，一怒之下可能产生报复心理：既然你可以在外面拈花惹草，那么我为什么不可以去寻找寄托？

　　由以上我们得知，当女人陷于情感的困惑时，往往会不自觉地从另外一个男人身上排遣她的忧愁。而事态的发展，最终可能导致她投身于这个男人的怀中。

在这次调查中近半数的女性有着非常相似的观点："现在的女性都上班，在单位比在家的时间还多，在外接触的男性也很多，如果丈夫和我们不及时沟通，夫妻间不能保持相近的发展速度，就很容易产生婚外恋。"

这些女性认为有必要把婚外恋分成两种：一种是婚外情，一种是婚外性。女性们对"婚外情"普遍持宽容的态度。而且女性认定的婚外情，更大程度上只是一种婚姻之外的异性友情。

对女人而言，只要在肉体上忠实于婚姻，精神上的出轨无伤大雅。她们觉得无性婚外情的错误最小，对彼此的伤害也不大。

而且另有五分之一以上的女性认为婚外恋可以弥补家庭生活的不如意，她们甚至不反对"婚外性"。她们提出：婚姻的维持和完满少不了性爱。当自己或是对方在感情上、生理上得不到满足时，可以用婚外恋来弥补。

但大多数女人往往不能将性与爱分开，当女人与伴侣两情相悦时便会有灵肉合一的冲动，日久生情，产生依恋情结。性让女人有爱的错觉。

即使女人当初只是为"性"外遇，而不是为"爱"，但只要不断与性伴侣发生关系，这种依恋的情愫便会逐渐滋长，最终使女人认为有"爱"。所以，女人的婚外情对自身婚姻的影响比较大。在婚外情中，女人陷入情网不能自拔的比例远远高于男人。

与这些女性完全唱反调的另三成女性对婚外恋则非常反感，她们相信婚外恋的结果就是破坏了家庭，伤害了家人。就算是家庭不破裂，也会给夫妻双方造成心理上的创伤。

争论虽然激烈，不过90%以上的女性却达成了一种共识，那就是绝不能允许婚外恋破坏现在的家庭。

但是，这样的婚外恋无论怎样感天动地，还是和未婚同居、一夜情等被统称为"成人游戏"。既然是游戏，就有游戏规则，而"玩主"就得有充分的心理准备去面对输赢。怕就怕本以为自己玩得起感情游戏，而一旦陷入，却发现自己是"拿得起放不下"，这样就造成了无情的伤害，游戏也就成了灾难。

不要当婚姻的守门员

女人不要让你的爱成为男人的负担，如果你的爱已经成为一种沉重的枷锁，套在男人的身上，对方就感觉不到一丝爱的甜蜜。其实，女人看重婚姻本没有什么错，只是当你越想牢牢地掌控婚姻，拴住男人的时候，那婚姻却越容易出现危机，那男人反而会离你越来越远。

婚姻中，百分之百的爱情容易让人窒息，而百分之五十的爱情，却留给彼此回旋的空间。一个人的情感世界里，爱情占到百分之五十应该是一个恰到好处的比例，那种百分之百的爱情叫文学，百分之五十的爱情就叫生活吧。

一部名叫《中国式离婚》的电视剧曾播得火热，此剧给人们提了一个很好的醒：很多婚姻出现问题，甚至最终导致离婚，并不是因为第三者等外部因素，而是夫妻双方自身的问题。

剧中的女主角爱丈夫，并且望夫成龙，同时还想牢牢地抓住丈夫，尤其在自己没有事业依托，而丈夫又事业有成后，更是将人生所有的重心和希望都寄托于婚姻。然而因为无端猜忌，她越想抓牢婚姻就越是抓不牢，可以说正是这种心态导致了情感上的失败。

我们的身边也不乏这样的女人，她们对丈夫一向奉行"高压管理政策"，一方面她们不甘心平凡，希望丈夫能出人头地，成为人上人，于是想方设法、旁敲侧击地施压，给予男人很大压力。

另一方面，在丈夫真正成了气候之后，女人往往自己还在原地踏步，于是有了危机感，拼命想"抓紧"婚姻，除了管生活小事，还要管他的钱包、社交，就连他的工作都恨不得插一杠子，比如干涉丈夫的生活。

这样，管来管去两个人感情越来越糟，可是她们往往意识不到自己有什么问题，反而觉得理所应当，她们认为自己为家，为对方付出了一切，当然应该享受这份婚姻，享受到丈夫更多的关怀与爱，更可怕的是因为对自己缺乏信心，害怕失去对方便无休止地怀疑和猜忌。

一些妻子愿意鼓励丈夫"冲锋陷阵"，宁愿为他守着"大后方"。但越来越发现自己变得对外界漠不关心，特别是孩子独立以后，不出家门，甚至不关心天气预报，简直成了一只缩在壳里的蜗牛。

相当一部分女人把孩子当成自己的事业和家庭核心，很少看书看报，关注社会。尽管出发点是让丈夫安心事业，其实是把自己的权利丢掉了大半。

男人闯进以后，改变最大的是价值观，他们对世界的看法变得最大，而如果女人不与时俱进，就埋下了危机，最终婚姻也可能出现"十面埋伏"。这样的妻子应多和丈夫一道探讨社会问题。

别小看对一些事情的讨论，讨论别人的事情，实际上是锻炼自己的判断力，同时摸清丈夫的价值观。共同创造财富固然很重要，共同打造新的价值观也很重要。

另外，妻子也可以时常把自己在工作中遇到的问题和快乐与丈夫分享，让他不要忘记，妻子不仅在乎他的人，也在乎他的看法。

很多人认为百分之百地爱一个人是爱情的最好状态，实际上并非这样。在婚姻生活中，爱情如果占到太高比例，就会垄断一个人的情感世界，喜怒哀乐全凭对方转移，而这反倒会令对方有恃无恐，成为你的主宰，控制你的生活。

如果情感世界中只剩下了爱情，那实际上是把爱情逼到了一个死胡同，相对宽松的环境更有利于爱情的良性循环。

爱他百分之五十就已足够，女人的感情世界也应该多元化。你可以重拾昔日朋友，和朋友们一起聊天、喝茶、蹦迪，经常和女友们聚会、聊天，交流最新的资讯信息，把自己的生活安排得多姿多彩，你会发现自己不再是那个喜欢抱怨的小妇人了，和外界的广泛接触会开阔眼界，拓展心胸，百分之五十的爱情更是游刃有余。

不要爱一个人爱得浑然忘却自我，那样全身心的爱只应该出现在小说里，这个社会越来越不欢迎不顾一切的爱。给他呼吸的空间，也给自己留个余地。

飞蛾扑火般的爱情，正在进行时固然让人觉得凄美，但若它已成为过去时，你如何收拾那一地的狼藉？所以，爱一个人不要爱到十分，剩下几分用来爱自己。经营婚姻是一种技巧性很强的能力，必须从一结婚就开始运作，绝对不能等到"见面就吵"和"说不通"时再做打算。

婚姻的道理与一把沙子相似，要想让婚姻长久、美满、幸福，那就不要每天"盯着""看着""防着""握着"，像足球守门员那样专注，婚姻盯得太紧，反而会使婚姻解体。

你凭什么为他改变

自从有了他，你一改再改，像换了另外一个人似的。为了他，你愿意改变所有不完美的地方，但是他似乎走火入魔，企图从里到外把你打造成一个全新的情人，你甘心随他的指令起舞吗？

他总是以最迷人的优雅姿态出现在你的面前，刚开始时，一切都非常完美，你的生命因他的出现而更显美好，为了他，你彻底改变，从发型到内衣款式，甚至是指甲油的颜色，渐渐地，他的爱愈来愈沉重，最后，当他连你的思想都企图改造推翻时，也许是你该慧剑斩情丝的时候了。

有多少女性愿意为爱情而把自己完全改变？应当承认，人都会随着时间的转变，特别是一段新恋情或友谊展开时，为了取悦自己很看重的人，原来邋遢的本性可能变得更爱干净，或者对厨艺一窍不通也能在最短的时间内，张罗好俩人共享的烛光晚餐。这些都是无可厚非的。

"两人的相处，彼此迁就协调在所难免，而且女性通常就很难对爱人开口说不"，《对男人开诚布公》一书作者苏珊·杰佛斯说，"但当他要求你所做的改变，让你感到不愉快时，你必须有足够的智慧和勇气对他说：谢谢你的建议，但那样做有违我的本性。"

遗憾的是，在爱情角逐赛中，被改变者往往是女性，但这样一面倒的结果，也不能全怪男人，毕竟大部分的女性还是不懂坚守自己的底线，加上害怕被拒绝的恐惧，使她们甘于被掌控，随着爱人的指令起舞。

男人总是表面很温柔而内心却很霸道，刚开始时他们一副斯斯文文的君子样，可后来却显现他们的大男子主义，他们多半迷人、具有不容挑战的专断魅力，而且总能在最佳时机，逐步实践他改造别人的欲望。

根据研究显示，大多数愿意委曲求全的女性都有共同特点：对自我认识不足，而且以为满足情人的要求，是拴住他的唯一方式。

这样的代价你付得起吗？令人惊讶的是，不只年轻涉世未深的女孩会犯错，即使事业有成，独当一面的女性，回到家就失去果断，显得手足无措的例子也不少。

不过，两性关系中，虽然有些伴侣无理的要求让你身心俱疲，但其中也有一些好的意见，因此有时你很难辨别，这种转变是出于自愿或者只是为了讨情人的欢心。

如果你对自己是否过分让步而失去自我有所疑问。不妨做以下的小测验：

当你们之间出现问题时，都是你承担大部分的错，以求缓和关系吗？

当你们为某一问题而争吵不休时，总是你先让步停战熄火吗？

你是否和那些关心你的人愈来愈疏远？

为了博得他的欢心，你不再进行你喜欢的运动，转而培养他可能喜欢你去从事的活动？

　　　　你是否曾为了迎合他，在自己的外表或生活形态上做了
180度大转弯？

　　　　你做任何决定是否会习惯性地自问："如果我这样做他
会不会……"

　　如果你的答案，肯定多于否定，那你和情人的交往正在吞噬你的
自我，不过，要扳回劣势并非全无机会。

　　杰佛斯建议，想重拾自我的女性，先从检视自己内在需要开始。
首先自问：

　　"最令你恐惧的事是什么？"

　　"为何我总不能鼓起勇气说：'我不想为了取悦你而改变？'"

　　通过这样的问题，不仅让你有勇气扭转颓势；同时避免你愈陷愈
深。你对自己了解愈多，将有更大的机会重建平等的两性关系。

　　和伴侣摊牌时，记得要把握底线，记住有哪些是绝不妥协的，专
家同时建议，必要时向朋友求援，你需要他们的意见和支持。求助于
你的知心朋友，他们可以帮你拼凑已然破碎不堪的自我形象。

　　留意伴侣对你的爱恋度，特别是他对待你的好朋友的态度，可以
帮你重新考虑自己的处境。

　　当他在公众场合对你出言不逊时，适当予以反击。如果他表示只
是玩笑话，你更该义正词严地告诉他："那一点也不有趣，只会让我
更沮丧，而且我不喜欢你用那种语气跟我说话。"

　　切记你的价值并非建立在他的认同上，你有权自己做主，也有犯
错的权利。

　　当这些都已验证过后，他一定有强烈的反应，甚至会以离开为威

胁，无论如何，你都必须坚定立场。每个人都有被尊重的权利，如果你对他无法接受个别差异，甚至包容你的小缺点，只是一味想改造你以符合他的想象，那么还是让他去吧！

你不是谁的附属品

女人是什么？冰心说："女人是一架爱的机器。"事实的确如此，女儿爱父母爱得感天动地，妻子爱丈夫爱得痴痴迷迷。爱是女人生活的全部内容，爱是女人生存立世的根本。

女人为爱而生，为爱与被爱而活着。钱钟书说得微妙："女人把看守住丈夫作为自己的职业。如果有一天没有丈夫可守，对于一个女人来讲，就等于失业了。"

他一语道破了爱情在女人心中的位置。妻子的爱别致、动人、令人感怀，她为世界增添了亮色和情趣。

妻子以疯狂的爱爱着自己钟情的丈夫，以牺牲自己来不顾一切地爱护、支持和成就丈夫。

那些获得巨大成功且情深义重的男人，体会最深的一句话莫过于："一个成功的男人身后总站着一位伟大的妻子。"

诚然，作为妻子，全力支持丈夫的事业无疑是对的，但是一味地放弃自己的社会责任，把自己的全部精神和希望一点不剩地交付于一个男人，差不多是在拿自己的命运开玩笑，如同玩股票、上赌场一样全靠运气，输赢全由不得自己。

丈夫若在功成名就之时，依旧能做到"糟糠之妻不下堂"，且能共享一个"军功章",无疑是为妻的造化。

然而,生活中不乏"人一阔,脸就变"的人,有"做了驸马爷,不认秦香莲"的陈世美。要是遇上一个背信弃义的男人,丈夫的成功之时可能也就是妻子大祸临头之日,那时怕是再恨再悔也于事无补了。

其实,夫妻二人毕竟是两个相对独立的人,丈夫终究不是妻子。即使你嫁了一个"如意牌"郎君,他也只是你生活中的一部分,而不是你生命的全部。

男人的明智正在这里,他把事业看得很重,他进有进路,退有退路,手里握有主动权。所以,女性朋友们也不必把命运这个宝押在男人身上,而要凭借自己的力量、才智去挣扎苦斗,去生存立世。

这里我们不是教唆女人不尽为母之职,不尽为妻之道,不尽敬老之责。而是要说明这样一个道理,成家尚未立业的妻子,千万不要只埋首于相夫教子,而忽略了自己素质的提高和进步,与丈夫、孩子共勉、同步,做到家庭事业兼顾,才能避免女性的悲剧,才是女人最好的出路和前途。

四位年轻漂亮的太太在咖啡厅偶遇,闲暇无聊之时,四人谈起了自己与丈夫之间的生活。

王太太是四个女人中最贤惠温柔的一位。她有着良好的教育背景,但在结婚后却成了一名百分之百的家庭主妇。

她说:"我认为要管住深爱的男人,就是先要管住他的胃。我每天都变换着做各种美味佳肴,希望他每天都能准时回家品尝我给他烹饪的美味。最初他每天都很幸福地回家品尝我做给他的佳肴,并感谢上天恩赐了这么善良的女人给他。时间长了，他不再眷恋我的佳肴，不再称赞我的善良，我们的婚姻也慢慢地迈入了死亡的边缘。"

张太太是一位颇有心计的女人，虽然学历不高，但她深知什么是男人的命脉。

她说："管住男人的胃只是一种肤浅的做法，要想真正地掌握住他，就应该抓住他最后的资本——钱。也许你们会觉得我这样做有些狡猾，但抓住男人的钱是最绿色的环保方法。男人一旦没有了钱，他还能做什么？就像我家那口子，现在还不是老老实实地干着他的规矩事，即使有点什么歪念头，也没有能力去做。现代社会没有了钱能做什么事情啊？"

刘太太是最漂亮也是最受委屈的一位。在谈恋爱的时候，她是四个女人中最甜蜜幸福的一位，但结婚后她是最早告别婚姻的人。

谈到伤心处，她有些哽咽地说："自从与他恋爱起，我就认为他是我的唯一。我很关心他，什么事情都给他打理得顺顺当当，甚至连他每天该穿什么颜色的内裤都给他安排得规规矩矩。我这样尽心尽职，可他还说我完全控制了他的生活自由。我和他之间就因为这个原因结束了婚姻。"

赵太太是四个女人中姿色最逊、学历最低的一位，但在婚姻生活里她却是最幸福的一位。

她说："我没有任何管住男人的方法和手段，只知道尽量地在生活中找回我自己。婚姻只是我生活的一部分，我没有必要为了婚姻而丢失了自己。所以，我从来不会约束对方，而是将那份约束他的心更多地用到我真正该用的地方。"

在听了赵太太的话后，其他三位都沉默不语。无疑，赵太太是一位聪明的女人，她洞悉了婚姻的本质。

世界上并没有长久的东西，管住男人的胃、钱和人只是一种表面的手段，就在你暂时拥有了的同时，往往却将自己迷失在婚姻的陷阱里面。

善于经营婚姻的女人，不是把自己的生命和一切全押在上面，而是更多地为自己而活，为自己的快乐而快乐，保持一份乐观、豁达的心态，让自己永远都宠辱不惊，闲适优雅。

女人们要记住，你不是谁的附属品，从来都不是。虽然你是女人，但别忘了，你也是一个人格完全独立的人。对于每个独立的个体来说，当别人不需要你的时候，你还是你，本身并没有失去或改变任何东西。

所以，不要再把你曾经的付出作为后悔哭泣或者做傻事的理由，你不要忘了，没有人强迫你去付出什么，一切都是你自己的意愿。

你是一个成年人，要懂得为自己的行动负责，而不是抱怨。你要不要付出完全是你自己的决定，是你自己的选择，是你自己的事情。同样，别人是否付出也是人家的事，别人没有权利要求你，你也没有权利要求别人。

或许你带给过别人快乐，别人也同样带给过你快乐，所以很多事情没有绝对的对与错，值与不值，不过是同行的伙伴到了十字路口各自继续自己的路而已。而人生最重要的本来就是一个过程，而不只是一个结果。

人生是一条蜿蜒而曲折的小路，路上总会遇到各种各样的风景和各种各样的岔口，当我们走了一段的时候，要经常停下来去面临新的选择。

也许你和同行的人会选择下一条路继续走下去，或者会选择不同的道路各自分开。如果不得不分开，也请微笑着和他说再见，并感谢他曾经与你同行，不管是开心还是不开心，最终都只能变成一段记忆，因为前面的路上你还会遇到更多的同路人。

女人们要明白，这一生当中你遇到的每一个人，其实都是一道独立的风景，或者繁华，或者荒凉，或者美丽，或者残缺。但无论是什么样的景色，你都不能带走，也无法改变。

但你不要担心，因为前面还有更多更好看的风景在等着你，可能是似曾相识，也可能完全陌生。但这又有什么关系呢？重要的是，你都欣赏到了，也都领略到了。你的人生因此变得更丰富了，其实这就够了。

不要去做伤害自己的傻事，没有人会因此对你改变看法，只会嘲笑你的愚蠢和软弱。今天是强者的时代，弱者并不会有人怜惜。你对自己的伤害根本不能改变你已经受到别人伤害的事实，别人踩你一脚，不管当时有多痛，但是事情过去就过去了，慢慢地就会恢复的。

但你日日夜夜地回忆这件事，别人只踩你一次，你却要天天自己再踩自己一次，那岂不是太傻了？你以为伤害自己能报复谁？你踩你自己，没人会感觉疼，除了你自己。

既然这样，为什么不变得豁达一点，快乐一点呢？不要因为你是女人，你有一个柔弱的身体，就一定也要有一颗脆弱的心，这不是理由。

你完全可以有一颗坚强和勇敢的心。只要你学会放弃，学会忘记，重新上路，很快，你就会在前方看到一道更加美丽的风景。

作为女人，最应该知道的一句话就是：女人当自强！女人的力量并不比男人的弱，所以，聪明的女人赶快让自己更向前吧。其实，你大可不必有依靠男人的思想，因为你已经足够强大。

该放手时就放手

你的世界没有了谁一样可以正常运转。不要让一个不爱你的男人成为你一生的痛苦和遗憾。

女人一定要明白，几乎每个人都不会轻易放弃已经抓在手中的东西，去追求一个遥远的未知，但如果你们缘分已尽，还是及早放手为好，否则只会伤人伤己，既没有美满结局，又耽误了大好年华。

　　曾有一位妻子对老公说："一生中我最不能忍受的是被欺骗。如果你爱上另外一个女人，请一定要实话告诉我，我绝对放你走。"

　　"你不爱我了？"老公不知所措地问。

　　"恰恰相反，"妻子说，"因为我太爱你了，所以我宁可自己痛苦，也要成全你的幸福，祝福你。"老公沉默无言，将妻子拉得更紧。

　　这位做妻子的后来对老公说，"当你的心飞走的时候，你必须超然，不要钻进死胡同，否则只有两个人一起毁灭。"

从一而终已经不是现代女性的美德，当婚姻已经不能给你幸福，就无须再将自己困在其上。你觉得拖住婚姻是在惩罚他，其实最终惩罚的是你自己。

女人要明白，最重要的是自己。多爱惜自己，没必要为已经失去的爱绑上自己的一生。生命不会对任何人有亏欠，它在为你关闭一扇门的同时会为你打开一扇窗。每个人都有属于自己的幸福，你的幸福或许就在不远处等你。

缘分是自然而然的事情，不必强求，不要太执着。人活着不是为了他人，而是为了寻找智慧充实自我。女人的幸福也不是寄托在哪个男人身上。失去一段爱，可以再寻找另一段爱。幸福靠自己，不靠他人给。提高自身修为，能够获得男人所不能给予的快乐和满足感。

　　杨女士在一家企业做会计，她的老公在某事业单位工作。当她发现老公与一名单身女孩出轨后，老公承诺保证改正。

　　杨女士也想给老公时间和机会，但是后来她发现，老公虽然还是回家，吃饭，睡觉，并在经济上一如既往地付出，但就像一个"空心人"一样，吃完饭后就看电视，或是倒头就睡。

　　很多天，老公和她都不交流，杨女士的任何事老公也都不过问。他们的婚姻形同虚设，让杨女士不知该放手还是该挽留。

没有感情的婚姻是不道德的，这样没有感情的婚姻，更多的是出于无奈，它不但伤害对方，也是对自己的折磨。维持这种徒有一纸婚姻证书的形式，最好或者说最无可奈何的借口莫过于"没有办法，为了孩子。"

婚姻的本质是要幸福，这样一个浅显的道理，似乎谁都明白，但是真的做起来，又有多少人不是揣着明白装糊涂呢？多少人是心有不甘地局限于外在的形式，忍受着婚姻的日复一日窒息摧残，幸福只是一个人蒙在被子里流泪的空想。

有人说婚姻如下地狱，一个人真的是很软弱的，两个人在一起，总比一个人好些，于是有人陪着也算是一种法定的义务。因为胆怯，她无望于这世上还会有谁能够慰藉受伤的心灵。

其实，遇到已经无法挽回的爱，女人真的应该洒脱一点儿，轻松一点儿。当男人抛弃你时，你应该漂亮地转身，留给男人一个美丽的背影，即使满心的伤痛，也不要在男人面前哭出声来。

对于一个不再爱自己的男人，眼泪什么用也没有，只能让那个负心的男人更加的烦躁，更加的看不起自己，只能让自己在他面前的身价一降再降。此时，女人要做的就是毅然转身，离开那个负心汉，去寻觅自己的阳光和彩虹。

爱情如花，当一朵花凋零后，另一朵会及时绽放。爱情如戏，当大幕落下，另一出大戏会即时开演。花谢的凄凉，落幕的冷清，都是短暂的，时间会冲淡锥心的痛，要不了多久你又可以敞开心扉看云淡风轻。在不久的将来，你会把这一过程当成自我解嘲的谈资，笑着对自己说："当初好傻。"

第四章
折腾出有品位的生活

　　生活，只有经历过奋斗，才会甘甜。人生，只有经过磨砺，才会幸福。一个女人要想过上自己想过的生活，就必须付出自己的努力，才会成功。成功的女人会放飞自己的心灵，聆听大自然的声音，以优雅的身姿尽情享受人生的快乐时光，以超然的态度宽容地对待世间的一切。这，就是人人向往的有品位的生活。

放飞你心灵的自由鸟

生命的真正意义在于能做自己想做的事情。如果我们总是被迫去做自己不喜欢的事情，永远不能做自己想做的事情，我们就不可能拥有真正幸福的生活。

可以肯定，每个女人都可以并且有能力做自己想做的事，想做某种事情的愿望本身就说明你具备相应的才能或潜质。

为了生存，或许你不得不做自己不愿意做的事情，而且似乎已经习惯了在忍耐中生活。拿出你的魄力，做你想做的事情，放飞你心灵的自由鸟吧。

做自己想做的事，需要女人的勇气和魄力。

"知人者智，自知者明"。无论有多么困难，女人都应该找到自己内心深处真正需要的东西。甘愿迷失方向的人，她永远也走不出人生的十字路口；只有那些不愿随波逐流，不甘陈规束缚自己的女人，才有勇气和魄力解除捆绑自己身心的绳索，找到自己想做的事情，并从中享受幸福的感觉。

冲破世俗的罗网，冲破内心的矛盾，真实地做一次自由的选择吧。生活本没有那么多的拘束，只是你自己不愿意改变现状，甘于这种无奈而已。

做自己想做的事情，这也是人生一大快事！

当然，做自己想做的事情在一定程度上要取决于你是否具备该行业所要求的特长。

没有出色的音乐天赋，很难成为一名优秀的音乐教师；没有很强的动手能力，就很难在机械领域游刃有余；没有机智老练的经商头脑，也很难成为一名成功的商人。

但是，即使你具备某种特长，并不会保证你就一定能够成功。有些女人具有非凡的音乐天赋，但是，她们一生却未登上大雅之堂；有些女人虽然手艺高超，却未能过上富裕的生活；有些女人具有出色的人际交往和经商能力，但她们最终却是失败者。

在追求成功和致富的过程中，人所拥有的各种才能如同工具。好的工具固然必不可少，但是能否正确地使用工具同样非常重要。有人可以只用一把锋利的锯子、一把直角尺、一个很好的刨子做出一件漂亮的家具，也有人使用同样的工具却只能仿制出一件拙劣的产品，原因在于后者不懂得善用这些精良的工具。

你虽然具备才能并把它们作为工具，但女人必须在工作中善用它们，充分发挥其作用，方能天马行空，来去自由。

当然，如果你拥有某一个行业所需要的卓越才能，那么，从事这个行业的工作，你会比别人有更多的自由度。一般说来，处在能够发挥自己特长的行业里，你会干得更出色，因为你天生就适合干这一行。

但是，这种说法具有一定的局限性。任何人都不应该认为，适合自己的职业只能受限于某些与生俱来的资质，无法做更多的选择。

做你想做的事，致富后将能获得最大的自由感。做你最擅长的事，并且勤奋地工作，当然这是最容易取得成功的。

如果你具有想做某件事情的强烈愿望，这本身就可以证明，你在这方面具有很强的能力或潜能。你所要做的，就是去正确地运用它，并且去巩固和发展它。

在其他所有条件相同的情况下，最好选择进入一个能够充分发挥自己特长的行业。但是，如果你对某个职业怀有强烈的愿望，那么，你应该遵循愿望的指引，选择这个职业作为你最终的职业目标。

做自己想做的事情，做最符合自己个性、令自己心情愉悦的事情，这是所有人的共同欲求。

谁都无权强迫你做自己不喜爱的事情，你也不应该去做这样的事情，除非它能帮助你最终获得自己所求的结果。

如果因为过去的失误，导致你进入了自己并不喜爱的行业，处在不如意的工作环境中，在这种情况下，你确实不得不做自己并不想做的事情。

但是，目前的工作完全有可能帮助你最终获得自己喜爱的工作，认识到这一点，看到其中蕴藏的机遇，你就可以把从事眼下的工作变成一件同样令人愉悦的事情。

如果你觉得目前的工作不适合自己，请不要仓促转换工作。通常说来，转换行业或工作的最好方法，是在自身发展的过程中顺势而为，在现有的工作中寻找改变的机会。

当然，如果一旦机会来临，在审慎的思考和判断后，就不要害怕进行突然的、彻底的变化。但是，如果你还在犹豫，还不能得出明确的判断，那么，等条件成熟了，自己觉得有把握了再行动。

在创造的世界里，女人从来都不会缺少机会，所以你无须操之过急、草率行事。

你真的不用太精明

清代著名诗人、书画家郑板桥曾写过一个条幅:"难得糊涂"。当然,这里所讲的"糊涂"是指心理上的一种自我修养,意在劝人明白事理,胸怀开阔,宽以待人。

如果一个女人遇事总是过分计较,一味地追究到底,硬要讨个"说法",那么烦恼和忧愁便会先于"说法"而来,反而不利于解决问题。对于复杂的感情来说,更是如此。

我们经常说,睁一只眼,闭一只眼,就是说对一些事情不要过分追究。在婚姻生活中,女人要做到婚前清醒,婚后糊涂;婚前认真,婚后马虎。

有一位女士,如今已过不惑之年,人们都羡慕她的清醒和聪慧。可她先后谈了多少男朋友,她自己也说不清,到头来还是孑然一身。

在她的恋爱当中,如果男朋友向她许诺说:"房子问题很快就解决了。"她便会深入男朋友的单位调查,然后批驳说:"分房子根本就没考虑你!"

男友向她许诺说很有可能要提升,她又进入男友的办公室左论证右考察,最后批驳说:"你根本别抱幻想。"于是她的男朋友像走马灯似的一个个走开了。谈到她的婚姻,大家都喟叹说:"她太精明了。"

常言所说的"大事清楚，小事糊涂"，即指对原则性问题要清楚，处理起来要有准则，而对生活中非原则性的小事，则不必认真计较。在日常生活中，女人对一些非原则性的不中听的话或看不惯的事，可以装作没听见、没看见或是随听、随看、随忘，做到"三缄其口"。

有这样一对夫妇。有一天，男人失业了，他没有告诉女人。他仍然按时出门和回家，并不忘编造一些故事欺骗女人。他说新来的主任挺和蔼的。

每天，男人夹着公文包，挤上车，三站后下来，坐在公园的长椅上，愁容满面地看广场上成群的鸽子。到了傍晚，男人换一副笑脸回家。他敲敲门，大声喊："我回来啦！"男人就这样坚持了五天。

五天后，他在一家很小的水泥厂找到一份短工。那里环境恶劣，飘扬的粉尘让他的喉咙总是干的。劳动强度很大，干活的时候他累得满身是汗。

组长说："你别干了，你的身体不行。"男人说："我可以。"他咬紧了牙关，两腿轻轻地抖。一天下来，男人全身沾满了厚厚的粉尘。

下班后，男人在工厂匆匆洗个澡，换上笔挺的西装，扮一身轻盈回家。他敲敲门，大声喊："我回来啦！"女人就奔过去开门。满屋葱花的香味，让男人心安。

饭桌上，女人问他："工作顺心吗？"他说："顺心。"

饭后，女人说："水开了，要洗澡吗？"男人说："洗过了，和同事洗完桑拿回来的。"女人轻哼着歌，开始收拾碗碟。男人想："好险呢，差一点被识破。"疲惫的男人匆匆洗脸刷牙，然后倒头就睡。

就这样，男人在那个水泥厂干了二十多天。快到月底了。他不知道那可怜的一点工资能不能骗过女人。

那天晚饭后，女人突然说："你别在那个公司上班了吧，我知道有个公司在招聘，帮你打听了，所有的要求你都符合，要不要明天去试试？"

男人一阵狂喜，却说："为什么要换呢？"女人说："换个环境不是很好吗？再说这家待遇很不错呢。"于是第二天，男人去应聘，结果被顺利录取。

那天，男人烧了很多菜，也喝了很多酒。他知道，这一切其实都瞒不过女人的。或许从去水泥厂上班那天，或许从他丢掉工作那天，女人就知道了真相。但是女人却没有说，而是默默地鼓励他，帮他找工作。

如果女人没有从男人的角度来看问题，而是逼问他为什么把工作搞丢了，工作丢了为什么没有告诉她？试想，这样不仅会使男人感到疲倦和压力，而且也会使整个家庭蒙上阴影。可以说，正是女人的宽容，才使男人有了现在的成功。

人人都有自尊心和虚荣感，聪明人要懂得尊重伴侣的自尊心，要学会尝试了解对方的难言之隐，站在对方的立场看问题。

"水至清则无鱼。"这同样适用于爱情，太清醒了也许就没有美满的爱情了。汉字的"婚"字，拆开来看，就是一个"女"字和"昏"字，这很让人玩味。假若不昏了头、不昏得稀里糊涂，说不定这世上就没有情和婚姻了。

过日子，要糊涂些，厚道些，宽容些。郑板桥在饱经人世沧桑后，自书"难得糊涂"用来自警。人生难得糊涂，婚姻也难得糊涂。

婚姻像一张白纸，夫妻是两个画家，重要的是看你在这张白纸上涂抹什么颜色。是画龙点睛，还是画蛇添足，全看两个人的兴趣和修养。

如果夫妻双方共同努力，心往一处想，劲儿往一处使，水往一起流，有相同的构思，有精致的笔墨，有和谐的色彩，一起规划美好的未来，那么婚姻这张图画会越来越精致，越来越美丽。

两个人的世界有甜有苦，睁开你的一只眼欣赏他的优点，闭上你的另一只眼包容他的缺点，才能体味到幸福的滋味。

做一个快乐天使

人们都希望拥有这样的婚姻：这个婚姻从开始到生命的结束不会间断，婚姻里的两个人用爱让彼此快乐。婚姻里两个人没有怀疑、没有猜忌、坦诚以待，不会担忧对方的感情出现变化。浓亦好，淡亦好，爱始终存在，两人的眼里只有彼此，只记得彼此的好。

而这样完美的婚姻也许只存在于想象中，不可避免的磕磕碰碰还是普遍存在，可是再大的矛盾都能在人们的精心呵护下消失无踪。做彼此的快乐天使，是不仅不让对方难过，更要在对方难过的时候站在对方的身边，为他赶走阴云。

一个女人拿出非常精致的玻璃瓶，对自己的老公说，三个月内，如果老公让她每哭一次，她就往里面加一滴水，代表眼泪。要是它满了，妻子便会离开。男人不以为然。

两个月后，女人把那瓶子给男人看，对老公说，已经满一半了，男人的表情里有一丝惊讶，似乎没有想到女人的眼泪可以这么多，盛得这么快。

男人看到妻子的日记上写着，第一次吵架，是在第三天，而且还是一大早。他刚醒来有点懵懂，挤的牙膏不知道怎么飞到镜子上了，妻子说你连挤牙膏都不会啊，男人就来脾气了，然后吵起来。

女人说："有天晚上让你帮着洗洗那几件衣服，因为水太凉，你却只顾着玩游戏迟迟不肯动，后来吵起来，很失望你忘记了生理期不能碰冷水，委屈……"

本子里记录的都是那么细小的事情，每次吵架的原因都是那么简单。男人看着这本子，似乎在体会着女人的心情，男人开始难过了。他看得出，女人正在从失望慢慢变成绝望。

他突然意识到，每次吵架，双方都是在心情不稳定的时候，或者是还有别的烦心事的时候，把不好的情绪带进了两个人的生活里。于是他们去了第一次一起旅游的地方，在那里，太多美好的回忆被唤起，才发现原来彼此是那么深深地爱着对方，这时的女人特别温柔，这时的男人特别体贴。

女性的情感是丰富的，容易多愁善感。许多女性埋怨丈夫爱她不够，对她不浪漫、不体贴、不理解，自己感到很烦恼。也许那只是因为把注意力集中在负面的事物上并且放大了那些负面的心情，当放开心胸，以愉悦快乐的心态对待彼此的时候，快乐也会良性循环，感染彼此。

婚姻生活本来就是朝着幸福快乐迈进的。幸福快乐的心态是会传染的，赶走所有的不愉快，尝试做对方快乐的天使，也能让婚姻更顺心，生活更舒心。

赛亚嫁给张强时，刚30出头的他已经当上了副局。可让人想不到的是，当上没有两年，就被人挤了下来。张强一下子一蹶不振，他怕永远都没有东山再起的机会了。

那段时间，张强特别消沉，话越来越少，出口就伤人，有几回赛亚气急了回敬他几句，他就吵着要跟赛亚离婚。

丈夫的态度也影响了赛亚的情绪，她真想怪他，我爱你爱错了，是你自己无能才到今天的，凭什么跟我耍脾气？

可话到嘴边，说出来的却是："赛亚爱你，是你张强的人，局长不过是生活的点缀，做不做有什么关系呢？"

张强继续无话，赛亚开始悄悄注意起老公的冷暖，每天早上为他准备好上班的公文包，替他打好领带；人前人后夸老公有才华、聪明，只是不太适合官场而已。

这样一来，张强的心也就渐渐暖和了。看着妻子信任和鼓励的眼神，他感激地把赛亚搂在怀里，说："娶到你我非常幸福，你是最好的女人。"

赛亚是一个聪明的女人。她知道，男人的失意，其实是给了女人一个证明自己的机会。所以，在他失意时，不妨静静地牵着他的手，拥着他的头，给他一个鼓励的眼神，告诉他：你永远是我心中最出色的男人。

这样不仅让男人有优越感，更证明了自己不是一个势利的女人，她可以让老公变得更有自信。

对夫妻双方来说，这辈子能走在一起是来之不易的缘分，所以要学会珍惜。用自己的快乐感染对方，在婚姻中学会做彼此的快乐天使，就能尝到幸福的甜蜜。

给繁忙的心情放个假

在快节奏的都市生活中，不论是已有孩子的家庭妇女，还是那些拼命工作以谋求发迹的单身粉领，都会被这种单调、沉闷、乏味而又忙碌的生活模式搞得郁郁寡欢。

如果你也跟大多数人一样生活，那么今天你最渴望的事情，也许就是在经济收入不受影响的情况下，能给自己一些属于自己的时间来好好地享受生活。你希望能享受一点人生的快乐。也许你已经开始考虑如何减少一些工作时间……

也许你渴望的只是一种简单而稳定的生活，希望能有更多的时间可以悠然自得地和家人或朋友待在一起，当然最好再给自己留出一点空暇。如果这种生活真的是你所期盼的，一点也不奇怪。

今天，有千百万人正以一种全新的视野，去思辨和确认在他们的生活中什么是最重要的。而无论他们的答案如何千差万别，为自己找到并拥有更多的时间，无疑是众人共同的心愿。

众人"日理万机"的时刻，闲者有罪。这里有一则笑话。

圈内有位成功人士，颇受景仰。每隔一段时间，总有人以尊敬的口吻询问其人近况。大家不断听到他忙着做生意、忙着买进口车以及出国度假的喜讯。

最近又有人问，他又在忙些什么呢？唉，住院了，正忙着瞧病呢。可见，损害规则必将遭受惩戒。

现在，健康的红灯已经亮起，亚健康人群不断"扩军"，忧郁症的阴影在城市悄悄游动，自杀率也在逐年增高，不断有意志不够坚强和体格不够健康的同志倒下。

处于高度工作压力下的人都会有忘记吃饭或延迟吃饭时间的经历，这对于缓解压力是非常有害的。因为饥饿感会引起供血方面的问题，导致肠胃痛、精神紧张。因此，不要废寝忘食地忙工作。

再忙，也不能成为拒绝思考的借口。减速的时候，是否思考一下，忙是不是人生唯一的目标？忙的意义到底是什么？如果这两个问题想通了，忙和不忙的人都不会觉得太痛苦。

很多事业心很强的女人对事业很投入，以致事业成为她们生活的全部。当事业结束时，一切也就全部结束了。白天在公司她们精力很旺盛，可是一到晚上停止了工作就感觉无比空虚。

在她们看来，好像生活就是工作，工作就是生活。二十多岁是女人一生中最美的时候，她们应该天天去商场感受时尚气息，应该每天给自己一些时间去保养自己的皮肤，应该在周末去会会朋友……

可是很多年轻的女人却只是在工作。她们的生活是单一的，她们只对工作有热情，对于其他的一些事项甚至会厌倦和恐惧。

　　工作是生活的一部分，年轻的女人，更应该端正对工作的态度。工作再忙也要抽出时间来给自己和家人。不要因为工作忙，每天的头发就油光光，不要因为工作忙，就把自己的老公扔在一连几天不理。只有工作的人生是低质量的。

　　　　张皓刚刚25岁，研究生毕业后她找到了一份收入不错的工作，而且她也很喜欢自己的工作，每天她都忙于工作，从早上一直到晚上。她是个很好强的女孩子，见不得别人比自己强。

　　　　就这样，她周末和晚上都加班。周末的同学聚会也找理由不去，男朋友约她看电影她也推辞。就这样过了半年，她终于升到了处长的职位。

　　　　可是，随之而来的却是男朋友的分手通知。她心里很难受，想找个以前的同学诉说，可是同学由于半年都没和她取得联系，都推托自己有事。

　　　　张皓心里很难受，看着镜子中的自己，面色苍白，有气无力。整整半年，她感到自己真的把青春都献给了工作，其他的什么都没有了。

　　工作是船，生活是岸。如果为了工作而寝食难安，那工作也就失去了意义。给繁忙的心情放个假，把工作看成生活的一部分，不要因为工作而忘了享受生活。

事业和家庭，你选哪一个

事业和家庭的矛盾是常常困扰现代女性的大问题。事业有成一直是现代女性所向往的，但同时这也是她们一直无法处理好的问题，事业与婚姻与家庭之间的矛盾，使许多职业女性对家庭望而生畏。

对许多成功的女性而言，婚姻和冒险是不能共存的。有些女性说，她们就是不得要领，没办法两者兼得。一位非常成功的女性说："我试过，但是没有办法兼顾，所以我专心事业时，只好放掉人生的其他部分。我必须冒险追求事业，为了事业，我确实失掉了家庭。"

事业的成功令许多女性喜不自禁，她们忘我地投入到工作中去，相比之下，她们觉得婚姻索然无味。有的女性说，她们试过拥有两者，但是处于紧要关头时，先生和婚姻不如自己的归属感重要，因此选择了事业，婚姻乃宣告结束。

有一位女性的经验是，当她做的是卑微的工作，赚很少的钱时，婚姻还算马马虎虎。等她赚进大把大把钞票的时候，问题就来了。"起初我先生以为，我有个工作也蛮好的，但是他不认为我能赚钱也很好，否则他会感受到很大的威胁，我开始认真工作的时候，收入只有他的三分之二。等到我成功了，他开始在意我的工作。"

后来他终于要求妻子在婚姻和工作中作一抉择。她决定放弃婚姻，而不是放弃工作。

　　另有一位成功女性的人生也是不完美的，当她事业有成时，婚姻却向她发起了残酷的攻击，对此她充满了无奈之情："我不晓得事业上有发展的时候，该怎样分配时间，保有私生活。我觉得能兼顾二者的女性很了不起，我也喜欢这种人。但是当人们问我的时候，我从不撒谎，我的答案是'不，我做不到……'"，她说，兼顾二者的后果很可怕，"它让我整个生活都崩溃了"。

　　这不是个别女性遭遇到的情况，实际上这有一定的普遍性。有一研究所兴起一项活动，活动对象都是一些成功女性，她们带着配偶和孩子来参加讨论家庭的活动。这个活动为期三天，主要目的在于教导学员建立家庭使命。

　　开始的一天半内，她们都在讨论建立感情。她们学习互相倾听，用肯定对方、重视对方的方式，而不是轻视、贬低或使对方难堪的态度，表达自己的想法。第二天的下午，谈论创造使命宣言，她们之前已研读了相关资料。但是快下课时，当她们采用问答方式进行讨论时，发现彼此的内心挣扎不已。

　　这些父母都很出色。她们有无穷的才华和能力。她们在自己的专业上成就斐然，但是她们有一个潜在的问题，尽管她们声称家庭十分重要，但许多人根本没有把婚姻和家庭放在应在的位置上。

　　她们致力追求事业，工作是主要的事情，家庭基本上只是业余即兴节目。她们之所以出来参加这项活动，是为了学习速成的技巧，重建家庭关系，创造杰出的家庭文化，如此一来，她们就可以把"家庭"一词从待办事项的清单上删掉，回去专心工作。

　　所以，实际上一些事业上风风光光的女性，家庭婚姻上大多不尽如人意，为什么事业与家庭就不能二者兼得，非得要舍二取一，这与女性所扮演的社会角色有着直接关系。

通常意义上，女人在生活中要承担为人妻母的角色，贤妻良母是社会和男人们对女性的普遍要求，而职业女性在担负与男人一样多的工作之后，往往还要承担大量的家务劳动。

但人的精力毕竟是有限的，当一个女人不甘平庸，渴望在事业上取得与男人一样的成就时，就必然要将大量的精力投入到工作中去，这就势必会忽略家庭，而且，就多数男人的心理来说，并不希望自己的妻子强过自己，所以，一旦丈夫是个大男子主义者，就必然会产生家庭危机。

有一位机关女干部，因为职称与领导发生冲突，一气之下不顾丈夫的反对辞职南下，来到深圳，由于工作出色，很快担任了部门经理。一年后，丈夫提出离婚，原因是丈夫已另有所爱，结果深爱的儿子也判给了丈夫抚养。现在，她到处向人哭诉："我现在真是一无所有了。"

那么，是不是女人把全部精力都投入家庭就会获得幸福了呢？也未必。

某企业有一位职工，丈夫开了家公司，生意不错，她因单位效益不好，便回家做了全职太太。有一天，她突然打电话给报社，向报社哭诉丈夫有了外遇，问她打算怎么办，她却说："我也不知道。"

那么，女性究竟是要事业，还是要婚姻？若你有能力处理好这二者的关系那是再好不过了，但如果二者产生了激烈的冲突，你就需要做个选择。

这并不是说要你放弃职业，放弃自立的基础，而是要你在二者的侧重性上有所选择，这个时候，你必须清楚，哪一个对你更重要。

不要把事业与家庭根本对立，事业的辉煌是女性的独立和骄傲，家庭的温暖是女性的依托与归宿，你只要分清了哪一个是你最想的，你就可以去选择。

　　既不能为了事业忽略了为人妻母的义务和责任，也不能为了家庭失去了自我。只要有了侧重点，并理智地行动，就不能为失去家庭而痛苦，也不能为没有事业追求而苦恼、空虚。

　　无论是事业成功的优越感，还是家庭和睦的满足感，都是一种幸福，多数情况下，二者不可兼得，就如古语所说的"鱼和熊掌不可兼得"一样。因此，处理家庭与事业的矛盾，最好把握"有所侧重，不可偏废"的原则。

远离令人生厌的"是非圈"

　　俗话说："三个女人一台戏"，通常人们会认为女人是非太多。难道女人圈就必定会是一个"是非圈"吗？

　　要想当一个有魅力的女性，就一定要注意避免陷进各种是非当中。那么，怎样才能摆脱是非的侵扰呢？有的人天生就喜欢挑起是非和争端，虽然不能把这些人从身边踢开，但是可以避免让这些人把自己的生活搞糟。在不得不与是非之人打交道时，可以采用比较策略的方法应对。

　　比如说，适当地对对方的看法、立场、挫折和困境表示理解。有的人喜欢挑起是非，目的只不过是引起别人的注意。这时即使你只是假装对其表示同情，以满足他的心理需求，也会有助于你成功地摆脱对方，同时要适当地鼓励对方讲话，并在恰当的时候问一些有助于澄清对方观点的问题。

有些时候，一味地躲闪也不是办法。很多怀有敌意的"是非"之所以升级，就是因为一方试图阻止另一方讲话。理总是越辩越明，你可以提出有助于澄清事实的问题，让对方不停地解释清楚。

这样，对方在阐明观点上花费的精力越多，剩下来挑拨是非的精力就会越少。假如听到有人在传播自己的是非，或对自己进行恶意中伤，要以自信而沉着的身体语言，再辅以清晰而不含敌意的注视，在此时此刻，你所发出的身体和视觉信号足以让对方明白，你不会被任何夸张和不实之词所吓倒。

当然，适当的语言表达也是非常重要的。可以为自己设立一道理性的底线，一旦对方有什么出格的言行，就不必继续无原则的忍让下去，而要平静地向对方指出来。如果对方拒不改正，就坚决退出谈话。这个办法既简单又有效。

有了误会要及时沟通，解释清楚。否则双方的误会被不断地放大、不断地被传播，误会也就越来越深。

与人相处时要有一个度。一方面，凡事只要自己能办到的，就不要把自己的责任转嫁给别人，没有人愿意替别人承担责任或背负重担。另一方面，不可热心过度，总想包办对方的一切，使对方有一种被压迫感。即使是亲如姐妹的好朋友，相互之间也必须留有一定的距离。

尊重对方的隐私也是一个很重要的方面。既不主动探求对方的隐私，也要尊重自己的隐私，不要随便在别人面前谈起，因为这样的举动有点儿逼迫对方向你透露隐私的感觉。

如果你不知道自己要讲的话题是不是对方的隐私，自己对这个话题又非常感兴趣，那就可以巧妙地想办法试探一下，如果属于对方的隐私，那么就此打住，不再将话题继续延伸。

另外，女人在金钱往来上也要慎重。物质利益在人们的生活中有着极大的影响，双方交往时，一旦涉及金钱的事情，就一定要说明白，公事公办。

首先，要客观地评估一下这种金钱往来会对自己的生活带来什么影响，然后再去考虑是否同意这种往来。千万不要拿自己的钱去冒险，也不要轻易去借别人的钱，以免引起各种不必要的纠纷。

在与异性朋友交往时，同样不可疏忽。异性朋友可能会是很谈得来的朋友，但一定要注意保持一定的距离，不可交往过密，更不可影响对方的生活。

尤其是婚后，与异性朋友交往的事情不应向配偶隐瞒，还可以介绍双方认识，以避免引起误会，影响夫妻感情。最重要的是，与异性朋友交往时落落大方，既不要引起对方产生非分之想，也要避免旁人产生错觉，引来闲话。

还有就是不要轻易谈论别人的不是，小心"祸从口出"。有些人一旦发现别人的过失，就喜欢指指点点，数落一番，却不考虑别人的感受和自尊，总在有意或无意中伤害别人。另外，你也不要轻信别人的谣传，更不要传播谣言。只有这样，才可以使自己远离"是非"的旋涡，轻轻松松地做人。

友谊，保持一点距离更长久

朋友之间，保持适当的距离不仅是必要的，而且是必需的。有了距离的友谊，才有可能长久。人们常用"亲密无间"来形容两个人之间的关系非常好。我们都渴望有一个亲密无间的朋友，也常常把"亲密无间"视为朋友交往的最高境界。

亲密无间就一定很好吗？不见得。常识告诉我们，物极必反。什么事都应该有一个尺度，朋友之间的亲密如果真的达到了"无间"的境地，有时也并不见得就是好事；相反，如果有意保持一点儿距离，保留一些间隙，没准会有意想不到的收获。

有一个关于刺猬的故事，寒冷的冬天，两只刺猬蜷缩在一个山洞里，冻得哆哆嗦嗦。为了彼此取暖，相互拥抱着。可因为各自身上都长着刺，刺得双方怎么也睡不舒服。

于是它们离开了一段距离，但又冷得受不了，于是又凑到一起。几经折腾，两只刺猬终于找到了一个合适的距离：既能互相获得对方的温度又不至于被扎。

这就是刺猬的生存哲学。人们发现，刺猬的经验用在人类的交往中也很合适，就把这种生存哲学总结成所谓的"刺猬理论"。古人曰："与朋友交，敬而远之"，敬也就是保持一定的距离。俗语"过近无君子"，"有距离才会有美"说的也正是这个意思。

号称"东方不败"的葛菲和顾俊，是大名鼎鼎的羽毛球运动员，也是最要好的搭档。她们的"女双配对"所向披靡，自1996年起至1999年的3年时间内，两个人在国际比赛中从没有输过一场球，特别是她们默契的配合让人叹为观止，给世人留下了深刻的印象。

然而，有谁知道这对在赛场上亲密无间的铁搭档，在场外却很少在一起，而这些都是教练对她们的特意"关照"，生怕她们相处过于密切，容易发生矛盾，并把矛盾带到球场上影响比赛。

无疑，葛菲、顾俊的教练是聪明的，他知道亲密有间的妙处，因此故意在她们之间人为地制造"间隙"，结果使这对黄金组合相处更加融洽，配合更加默契，从而走得更远。

人与人之间距离太大，就是隔膜、障碍；如果距离太小，又仿佛失去了神秘感和吸引力。车与车太近，准出车祸；人与人太近，准出矛盾。

出门旅游在景点留影时，大多数人会以门匾作为背景，并千方百计地突出其特点，这是要把距离拉近，表明自己和那个景点间的关联。假如这个景点就在自家门口，我们反而会忽略门匾，忽略特点突出的那一部分，这是要把距离推远，太熟悉了，审美的角度就要变换一下。

照相如此，人际交往也是如此。适当的距离，是心灵需要的氧气。氧气没有了，心灵就会窒息。人与人之间，如果还没有达到亲密无间的程度，便是一条射线，前面的路地久天长；一旦亲密无间了，就成了一条线段，交情就要进入倒计时了。

女人一定要明白，真正的友谊，是需要保持一定距离的。有距离，才会有尊重；有尊重，友谊才会天长地久。生活中遇到一个曾经仰慕的人，身边发现了一个才学或品德突出的人，如果不是特别的渴望与之相交，实在没有必要急急深入进去。

台湾女作家席慕蓉说："友谊和花香一样，还是淡一点儿的比较好，越淡越使人依恋，也越能持久。"其中"淡"字，想来也有一层"保持距离"的含义。因为有了那么一份距离，心中曾存在的形象就不会破灭。迎面走过，相视一笑，那种感觉会很美妙。

女人间的友谊，一定要把握好分寸，亲如闺中密友，也应该有一定的距离，这样，才会让你们间的友谊长久保鲜。在你们的情谊中，最重要的一点就是尊重对方的隐私，不要把"无话不说，无所不谈"作为情深的最高标准，是否为知己，不在于言语的多少，关键在于理解。

而真正的友谊，不是由老天来注定，而是由你自己来争取。用你的真心去交换另一颗真心，伟大的友谊才会诞生。当然，如果面对巨大的诱惑，真心也可能会被出卖。

这是一种卑鄙的行为，但有时也是人之常情。所以为了避免这种情况的发生，我们应该严格要求自己，尊重他人，也要认真选择每一个朋友。

生活中有过多少次这样的体验，没有走近一个人的时候，感觉他风度优雅，博学多才，所有言谈举止，都富有无穷韵味。可在有一天，真的走到了面前。对方的一颦一笑，一嗔一怒都看得清清楚楚了，却猛然发现，自己以前太主观理想化了，近在咫尺的这个人，与心中的美好形象，相差的是多么多。

保持距离，有时会给人一种希望和信心，感觉到一份淡淡的温暖与馨香。保持距离，如同赏画，收到的是整体美感，想的是世界上依旧有份美好。

你有没有这样一位朋友

有人说一个女人一生中应该有 3 个男人，一个慈祥如父亲，一个宽宏如老公，一个亲切如兄长，而最后一个，便是我们通常所说的"蓝颜知己"了。当男人崇尚红颜知己时，女人也需要蓝颜知己来慰藉自己的心灵，分享自己的心情。

每个女人骨子里都有这样一个情结：想拥有一个蓝颜知己。他不是老公、不是情人，他是那个不太在意你的言行，也不太在意你容貌的人，是可以穿越你的外表走入你内心的人。

你和他之间没有爱情，有的只是纯洁的友情；他不一定优秀、英俊，却一定值得信赖并让人感到轻松；他没有老公的淡漠，没有情人的贪恋，有的只是宽怀的气度和体贴的性格。

女人的蓝颜知己是除了你的另一半之外最了解你的那个人，这种"蓝颜知己"可以称作你的死党，认识的时间很长，相互也彼此了解而且信赖，甚至有的时候有些话你不会跟你的另一半说，但是你会去跟他分享你的心情故事；有些跟别人不能说的事情你却能跟他说，你和他探讨人生、社会，你和他畅谈理想、心情，你并不想与他来一场惊心动魄的恋情，只是想有一个人能够倾听你的心声，无论快乐还是悲伤。

在现实生活中，一个成年女人没有一个伙伴或知己是不足为奇的，许多女人都承认她们没有一个可以完全信赖和吐露心事的亲密无间的朋友。然而，她们之间的大多数又似乎都认为这种现象是正常的，是可以接受的。

有一位成功女性在谈到友谊时说："我真希望为自己找一个知心朋友。我有不少生意场上的朋友，但没有一个知己，我感到十分孤独。偶尔心血来潮，毫无缘由地给朋友打个电话，结果也仅仅只是问个好，谈天说地的情况从来没有发生因为根本就没有这样的对象。"

每个女人都要承受来自多重角色的压力，这种压力常常使女人心力交瘁，在互相建立联系的过程中，女人们似乎自始至终都受着约束，她们不愿意让别人知道自己的弱点——挫折、焦灼、失望。她们怕被人视为懦弱，表现得像只会一味怨天尤人的失败者，使他人对自己失去兴趣和尊重。

同时，她们也不愿意与人分享自己胜利的欢乐，因为她们怕激起别人的嫉妒，或是怕表现出狂妄而被人指责。当女人痛苦时需要一个人来听她倾诉，需要一个强有力的肩膀来给她支持。

这时，蓝颜知己就是最恰当的角色。他会在你悲伤难过时轻拍你的背，在你迷茫哭泣时安抚你，在你对未来感到迷茫时，以男人的坚强来鼓励你，让你信心百倍地继续前行。

他会默默倾听你的烦恼，做你最忠实的听众，他不会因为你的喋喋不休而远离你，不会因为你的胡搅蛮缠鄙弃你，他会告诉你事情的最好解决办法，然后陪着你一起走出你阴晦的天空，女人与蓝颜知己之间没有爱情，却又比一般朋友间多了一份亲密，这种比恋人少比朋友多的感情被许多人归类为"第四种情感"，也是许多人渴望拥有的情感。

对于女人来说，蓝颜知己和老公、男友之间最大的区别在于：蓝颜知己是那个能让你想哭就哭而不用顾忌形象，不用掩饰自己的想法，不用担心自己是否说错话的人，他会以一种豁达大度的心态包容你，以欣赏的姿态善待你，以最深切的关怀温暖你。

蓝颜知己最突出的一点儿就是尊重你的隐私，让你觉得信赖，不会把"无话不说，无所不谈"作为友情深厚的最高标准，不会让人感觉太累。

或许有的时候，你不需要他的任何语言任何安慰，只要他肯倾听，你的忧伤就会慢慢止住，你常常会为有这样的一个朋友而心里感到庆幸，你会因为拥有了这样一个朋友，更加热爱自己的生活，珍惜自己的生命。

也因为有了他的存在，你在心底深处保留了一个小小的空间，静静地固守那份最珍贵的情感。你常常会在自己痛苦无助时想到他，想到他时，即使一个人的世界也不再那么孤单，他不是你感情世界的主宰，却是你心灵世界的依赖。

人的这一生，总会遇见几个特别的人，或许你有自己的家室、自己心爱的人，但你也需要这样很交心的知己，需要这种生命意义上真正的朋友。

拥有这样一位豁达开朗而不存私心的蓝颜知己，那应该是生命的一道美丽的风景线，是一种金钱难以衡量的财富，因为拥有了这种超然的情感，你变得更加懂得坚强的生活，珍惜每一个含笑走过的生命时刻。

女人不要亏待自己

真正的女人，需要的不仅仅是漂亮、有气质、温柔善良、聪慧真诚，更应懂得营造与享受精致生活。

凯莉是公司的高级主管，自认很懂得享受精致生活的她，为了追求自己的精致品味，卖掉位于市中心的公寓，搬到数十公里外的郊区别墅。不过，乔迁新居带来的喜悦并没有持续太久，凯莉就为了一些琐碎的事情烦闷起来。

例如：为了赶上班时间，她常常在"多睡一会儿"和"起来吃早饭"之间，做出痛苦的选择；忙完工作之后，匆匆赶回家，也已是晚上八点后的事情了。

本来工作就十分繁忙，结果每天还要在上下班的路上耗费大量时间，更弄得自己很难得准时吃到美味可口的早餐和晚餐。不规律的饮食习惯还使凯莉罹患了胃病，虽然并不严重，却让她经常觉得异常郁闷。

"难道这就是我要的精致生活吗？"望着豪华而精美的别墅，以及布满鲜花的庭院，凯莉不禁怀疑道。

其实，真正的精致与物质条件无关。

精致的女人就像一条闪闪发光的钻石项链，熠熠生辉、细腻璀璨，让男人爱不释手；又如一杯茉莉花茶，淡淡的清香，散发出迷人的气息；更似一道美味料理，盛在细白瓷光洁的盘子里，无论色、香、味都让人无法抵挡……

精致，不一定需要高级礼服、名牌首饰或其他道具来装点，更多时候，它指的是一种生活态度。

精致的女人注重质量、细腻，让男人觉得高尚；精致的女人美好、珍贵，让男人感觉到得之不易，必须好好珍惜；精致的女人才懂得享受生活，才能够承受富贵，才不会让男人在富贵的时候想要放弃她。

精致的女人懂得怎样享受有质量的生活。就像品尝咖啡的时候，在意的不仅仅是咖啡的味道，就连装咖啡的杯子也是精心挑选、匠心独具。

精致是知道在宴会上该穿礼服、工作时该穿套装、睡觉时该穿性感睡衣；每晚睡觉前，仔细在镜前端详自己，并且高兴地想"我还是美丽的"，也是一种精致。

简单贴心，令人舒适，这才是精致的内涵。

凯莉自以为是的品位生活，其实就犯了太过重视物质的错误。正巧，这时好友的心理诊疗室举办了一次精致生活研讨会，邀请凯莉参加，经过众人的讨论以及专家的讲解，她渐渐意识到自己对生活的看法究竟错在哪里。

凯莉是个知道爱惜自己的女人，从那天起，她开始不断反思和尝试，针对自己的问题，根据专家的意见，逐步形成一套最合适的健康美容秘诀：她开始放弃过去以零食代替主餐的习惯，以牛奶作为自己的美容点心。

每到假期，她不会贪恋躺在床上狂睡一整天，而是选择各种方式让自己放松，为即将面对的工作充电。瑜伽、户外运动都是她的健康首选。

当然，每到这个时候，她也不忘好好为自己做一顿丰盛可口的美食，犒赏一个星期以来的辛苦。至于辛苦的工作日，她则会在回家后一边泡澡，一边让自己沉浸在舒缓的音乐中。就算以前觉得枯燥不堪的上班路程，也成为她欣赏美景、放声高歌的好时间。

改变之后的凯莉，虽然依旧工作忙碌，仍然会在上下班途中花许多时间，不过，却已经与之前有了截然不同的改变。因为她开始尝试让自己享受生活的情趣，注重生活中的每个小细节，享受有质量的生活。这才是真正的精致！

女人的存在不是为了男人，不是为了爱情，而是为了自己。正因为如此，女人就更应当注重生活的质量，怎样装点自己的生活，女人们在这方面最拿手了，一起来看看女人们装点生活的小魔法吧！

精致生活第一步，是要注意保养。有的女人虽然才二十岁，但看起来比实际年龄老很多；而有些女人已经四十一枝花，但看起来却像二三十岁一般。究其原因，无非是善于保养的功劳。

任何女人到了一定年纪，皱纹都会悄悄爬上额头。所以，不加强对自己的保养是绝对不可以的。保养自己不仅仅是化妆品的作用，生活节奏也是很重要的一方面。懂得保养的女人都知道睡眠的重要性，晚上尽量早睡，不为一些芝麻绿豆的小事费神。这便是精致生活的第一步。

精致生活第二步，是锻炼身体。身材也是影响女人美丽的一大天敌，而自我锻炼不仅是维持身材的一个重要方法，还是女人生活质量的重要组成部分。精致的女人应当爱上健身操的节奏，爱上跑步机上滴落的汗水，爱上在游泳池徜徉自若的感觉，爱上在瑜伽中的身心安宁……

精致生活第三步，是注重生活细节。所谓精致，就是不会放过生活中点点滴滴的细节。比如，喝咖啡的杯子一定要选上好的厚瓷杯，让香浓的咖啡在温温的杯子中打旋，让卡布其诺的泡沫在嘴唇上添一圈白色的奶泡。在任何时刻让自己得到最愉悦的享受，才是精致的女人。

精致生活第四步，是享受 HomeSpa 的生活质量。HomeSpa，就是家庭 Spa。忙完了一天的工作，在洗澡的时候充分放松休息，不失为享受精致生活的重要方式：

洗澡前，先把浴巾和浴衣都放在烘干机里烘干，待会儿就可以享受热烘烘的干爽；在浴室四周各滴上一滴香精油，让浴室里的蒸气帮助精油迅速挥发；在家涂抹润肤乳液或润肤油之前，用手心把油搓热，这样涂抹后会让你感到更加放松；洗澡时放着自己喜欢的音乐，在解除身体疲劳的同时，也让自己的神经放松。

掌握人生快乐的钥匙

每一天，快乐的机会都在你身边，哪怕它不在你身边，你也要想办法去制造机会。快乐，是幸福生活海洋里激起的美丽浪花；快乐，是人生乐曲中振奋人心的音符；快乐，是一种积极向上的人生态度。快乐的春天纯洁无瑕；快乐的夏天绚丽多彩；快乐的秋天金光闪烁；快乐的冬天自然宁静。

其实，女人的快乐很简单，似一片白云那么纯洁，似一杯浓茶那么清香，似一颗星星那么宁静，似一抹朝霞那么绚烂。快乐之于女人是要紧的。男人要"先天下之忧而忧"，这是对的，而女人刚好相反，是要"先天下之乐而乐"的。

女人的快乐从何而来？温馨的家庭使女人快乐，挑战的工作使女人快乐，在自己愿意做的事情中感受快乐，在对人生的感悟中体味快乐。

快乐存在于我们每一个人的心中，犹如天空中云层深处的太阳，犹如尘埃下宝光虚掩的明镜，它始终存在着，只是有时被无明无智的烦恼所遮蔽；快乐时时就在我们每一个人的心中，只是我们常常视而不见，又无从感知，任由坏情绪陪伴左右而不曾察觉。

当你感到闷闷不乐时，请赶快行动，转换一下你的思维方式，用心转境，快乐便会倏然而至。

其实，真正懂得生活的女人是不会把自己的生活看成是炼狱式的，她们懂得享受生活所带来的痛苦和欢乐。她们知道虽然生活并不尽如人意，但是生活本身就是一段历程，只有懂得去享受痛苦时的刻骨铭心，欢乐时的自由欢畅，才是生活的本来色彩。

曾经有一位作家在异国他乡做客，当他一进门就感到了主人家萦绕的快乐气氛。女主人是一个40岁左右的中年妇女，在一般人来看，这样的年龄应该已经很稳重了，可是这位女主人却像一个20岁的小姑娘一样，十分快活。

令这位作家更加惊讶的是，她们家70多岁的老奶奶也一样充满快活的神情。作家在他的文章里这样写道："那位老人的眼中充满了孩童般天真的光彩，仿佛时光的流逝并没有在她的眼中留下任何印记一样。"

如果女人老了的时候还能像那位老人一样保持着孩童般的纯真与快乐，那么她的一生应该是很美丽的。

生活本身就是一个选择，快乐还是悲伤都由你自己做决定去选择。只有快乐的女人才是最美丽的，每天早上起床时告诉自己：我选择快乐，我快乐无比。

一个成熟的人应该掌握自己快乐的钥匙，他不期待别人使他快乐，反而能将快乐与幸福带给别人。每个人心中都有一把快乐的钥匙，但我们却常在不知不觉中把它交给别人掌管。

一位妻子抱怨道："我活得很不快乐，因为先生常出差不在家。"

她把快乐的钥匙放在先生手里。一位母亲说："我的孩子不听话，叫我很生气。"她把快乐的钥匙交在孩子手中。

一位女士可能说："上司不赏识我，所以我情绪低落。"这把钥匙又被塞在老板手里。婆婆说："我的媳妇不孝顺，我真命苦。"这些人都做了相同的决定，就是让别人来控制他们的心情。

当我们容许别人掌控我们的情绪时，我们便觉得自己是个受害者，对现状无能为力，抱怨与愤怒成为我们唯一的选择。我们开始怪罪他人，并且传达一个信息："我这样痛苦，都是你造成的，你要为我的痛苦负责。"

此时，我们就把这一项重大的责任托付给周围的人，即要求他们使我快乐。我们似乎承认自己无法掌控自己，只能可怜地任人摆布。这样的人使别人不喜欢接近，甚至望而生畏。

寻找快乐，其关键在于自己本身。其实快乐就在你身边，一旦你开发了快乐的源泉，不但自己可以随时取用，也可以与每个人分享。看看身边你所熟悉的、拥有快乐的人，他们并没有什么特别值得快乐的理由，但他们似乎随处都可以找到欢愉。

为了获得真正的快乐，千万不要为自己的快乐制定条件。生活中的快乐不应该有条件。不论你是百万富豪或是穷光蛋，每一天都应该有一个基本的目标，就是衷心喜悦地享受生活。

患得患失的百万富豪会对自己说："有人会偷走我的钱，然后就没有人理睬我了。"意志坚强的穷光蛋却会对自己说："债主在街上追我的时候，我正好可以运动一下。"

有一种幸福叫知足

一个女人懂得知足，就能随时体会点滴幸福；一个女人欲壑难填，即使幸福在眼前，于她也不过是过眼云烟。

人的一生，要面对许多，很多时候，幸福是由人的心态决定的。俗话说得好："知足常乐。"容易知足的女人懂得从简单的生活里品味出快乐，懂得从自己有限的能力里得到满足，这本身除了是一种智慧外，更多的是一种对生活的理解。正是这种看似简单的理解才诠释了知足常乐和幸福的真正含义。

女人对于"知足"二字的理解往往是随着年龄的增长而更加深刻。当女人还是女孩时，想要的东西总是太多太多，似乎欲望总也不能满足。随着年龄的增长，世事的磨砺，当女孩变成了女人时，生活中的不如意终于教会了她怎样去面对现实，怎样去获得幸福。知足二字于此时才显得可贵。

知足不单单是指物质，它更是指一种心态、一种处境、一种态度。知足常乐，并不是让人不去追求，人生不懂得追求，就无法前进，但是，过分地追求，就会变得贪婪。人性的贪欲是因人而异的，有的人富有而不知足常常苦恼，有的人清贫却知足时时快乐。

如果一个女人懂得知足，心中就会装满快乐。知足是一种心态，而美丽则是盛开在上面的一朵娇艳的鲜花。有人说，女人的烦恼来自无休止的攀比，比各自的衣服，比老公的薪水，比孩子的智力，若是占了优势就暗自得意，处于劣势就叹气抱怨。其实，这是一种不知足的心态表现。

有的女人，老公给她买了一件衣服，不合心意就埋怨老公花冤枉钱；合她心意，又嫌买得太贵。如果老公没给她买什么，就抱怨老公不把自己放在心上，抱怨老公不再爱自己……

女人要懂得知足，无论买了什么样的衣服，无论是不是花了冤枉钱，那都是他的一片心意，都是他对你的爱，不要用你的愚蠢和贪婪葬送了你的幸福。因为那件衣服，也许是他在外面省吃俭用，节省各种开支给你买的，也许是他转了大半天，精挑细选给你买的。对这样一份爱，怎么能不知足呢？

可是在实际生活中，这个再简单不过的道理人们似乎都明白，可是说起来容易做起来难。总有些人这山望着那山高，让那永无止境的欲望弄得心灵疲惫，不堪重负，徒增烦恼，因而失去了人生本应有的快乐和幸福。

　　吕枫常常感慨"时间如白驹过隙"这句话，眼看自己已经是40岁的人了，都说三十而立，可自己40岁了尚未"立"起来。

　　看看周围的同龄人，大多数都已是功成名就，一副志得意满的模样，而自己年届不惑还是个小职员，在机关里苦苦挣扎，岁月这块磨石已将她打磨得棱角尽失，每日里唯唯诺诺，历经几十载奋斗，总算熬上了主任的职位，却茫茫然看不出有何发展前景。

特别是前段时间参加了个同学会，昔日的同窗们不是官运亨通，就是财源茂盛，要不然就是嫁给了金龟婿，看着她们在餐桌上高谈阔论，自己只有赔着笑脸，偏居一隅，不知说什么才好，内心里却异常苦闷。

在这些同窗当中，想当年有许多人处处都不如自己，对自己这个每次考试都稳拿前三名的班长敬仰有加。可现在，唉……于是，吕枫陷入了自责的泥潭。

生活中，有许多女人和吕枫一样有和别人攀比的习惯，她们看到别人漂亮，就责怪自己不够漂亮，看到别人温柔有加，就埋怨自己不够温柔……她们总是有理由否定自己。

做个知足的女人吧，也许你在某个方面不如别人，但在另外一个方面却是优秀的，没有谁是十全十美的。只有知足的女人才自信，才美丽。

欲望是无止境的，知足的女人，不虚荣攀比，穿衣不一定讲究是否是名牌，却一定能穿出名牌的效应，因为她们懂得怎样着装才是最佳的搭配。她们不会盲目地追赶时髦，追风头，更不艳羡奢华的皮草，但她们一定会穿出有自己独特风格、穿出自己独有的韵味。

知足的女人，也不会去追求夫贵妻荣，更不会给男人太多的压力。她们不会要求男人一定要做高官拿厚禄，一定要多么有权有势，只要他勤勉努力，尽心尽力就好。

富裕的生活也会张扬招摇，依然淡然低调。贫穷的日子，也能安贫乐道，把生活调剂得有滋有味；正所谓"富日子过得，穷日子也过得"。

有这样一副对联："事能知足心常惬，人到无求品自高。"这正是对知足女人的真实写照。知足的女人一定内心宁静，闲适悠然。她们不会被世俗所诱惑，也不会被欲望所羁绊，她们永远怀有一颗感恩知足的心灵，永远拥有美满幸福的生活。

古人云："知足者常乐，"女人应该明白这个道理。不把自己的欲望提得太高，对生活抱一种现实的态度，使自己的心里比较安宁，这是一种合理的人生哲学。

如果自以为命运待你不公，欲望很高，你就会处处失望，弄得牢骚满腹，这样下去，对自己今后的发展是极为不利的。也会对女人的身心健康和家庭生活造成严重的干扰。

要知道，是你的躲不过，不是你的求也无用。还不如给自己一点儿悠闲，接受现实生活给予你得一切，踏踏实实地享受自己的生活，热爱自己的生活。

做个聪明的"懒"女人

聪明的懒女人知道自己生活中最重要的是什么，她们懒出了格调，懒出了品位，也使生活更加舒适。

小的时候，母亲总是告诉女孩说："小女孩要勤快，不能那么懒。"不用说，她们之所以一直在我们耳边唠叨这句话，肯定是因为我们就是小懒虫。

母亲们之所以从小就教育女孩要勤勉，是为了女孩长大后不会为吃穿烦忧，希望女儿不受老公和婆婆的指责。这固然是一番好意，但在这个超速发展的时代，女人身上的担子也是越来越沉重。

　　我们不反对传统女性的美德——里里外外一把手，但也不能不顾及自己，不能不为自己着想。对于女性来说，有时候，做个"懒"女人未必不是好事。

　　踏进懒女人的家门，你会看到门口的鞋横七竖八地放着，吃完后餐桌上的碗筷还没有收拾，但此时这家的女主人正和她老公一起坐在沙发上看电视，美其名曰饭后歇一歇。

　　同时她也绝不会忘了履行家庭主妇的责任，与老公讨论，今晚的碗筷该由谁来洗。一拳定输赢，结果女人幸运，逃脱了今晚洗碗一劫，她不禁跳起来欢呼，而男人则嘿嘿傻笑。看到这情景，不用说，这家的她是个懒女人。

　　勤快的女人有时很不明白，为什么男人不讨厌懒女人？其实道理也简单，每个人都有惰性，男人尤甚。男人回到家里，希望这个家是个随意的、能让他放松的家，是一个可以让他嬉笑怒骂、赤脚斜坐都可以的家。

　　他不会太在意自己的家有多乱、多脏，因为如果不影响身体健康，家里邋遢一点儿又何妨呢？而女人要是也与他统一思想，一起不在意，则正好两个人可"臭味相投"，真正做到相看两不厌。

　　因为懒女人深知要改变一个男人"脏、乱、差"的毛病很难，而自己又不愿去过多地操心，于是就顺其自然。这样的女人，在男人眼里，反而变得可爱了。

　　其实，作为女人，有份轻松且能胜任的工作、有个幸福美满的家庭就行，没必要争强好胜。有的女人一心一意地想做个完美女人，成天忙里忙外，把自己弄的身心都很疲惫，结果成为女强人，快乐却少了；老公孩子幸福了，自己却一身病痛。如此看来，也许懒女人会更快乐、更幸福。

　　有这样一则故事让许多女人听了感受颇深。一天，女孩
问妈妈："如果让妈妈选择成为一种动物，妈妈想成为什么
动物？"

　　妈妈略加思索："想做只懒猫。"女儿听了妈妈的回答，
哈哈大笑说："做只美丽的白天鹅多好，为什么要做猫？"

　　妈妈告诉女儿："白天鹅固然美丽，但是为了维持端
庄、高雅的形象，她要付出很多的努力，而猫就不同了，她
完全不必介意别人的看法，白天就可以呼呼大睡，做只大懒
猫幸福着呢。"

当然我们所说的懒女人并不是指什么事情都不做，就连老公出门
都得给她脖子上挂张大饼的女人，而是能掌握生活节奏，适度放松自
己，不依赖别人，有自我谋生能力，自立、自尊、自爱，懂得享受生
活的懒女人。

　　聪明的懒女人不会让没完没了的家务缠着自己。实在忙，就请个
钟点工收拾房间。需要注意的是，懒女人不是邋遢女人。无论如何懒，
也要护理皮肤，化化淡妆。

　　无论如何懒，也不要穿着脏衣服出入，影响形象。对自己一定要
好好呵护。偷懒只是少做家务，只是很多事情随心所欲，不难为自己。

　　做聪明的懒女人还要善于利用资源。比如合理分担家务给孩子和
老公。要记住女人在婚姻中是个统筹全局的将军。不是受人指使的奴
隶。娇俏可人的小女人远比忍辱负重的"黄脸婆"更让人喜欢。

女人真的应该学会偷点懒、示下弱，不要每天像机器一样不知疲倦地转个不停，应该让男人变得勤快点，让他多干点活。

夫妻之间是互补的，女人勤快，男人一般就会懒；同样，如果女人很懒，男人无形中就变勤快了。当然，当你得到照顾时，一定要心存感谢，面带微笑，一脸温柔。你的脾气要好，你的脾气好了，家庭的气氛随之也好了，家里才会呈现一派祥和的景象。